U0872121

VVER 运行现场操作标准化系列教材
——安全工作守则

李连海　张　迅　马　立　主编

中国原子能出版社

图书在版编目（CIP）数据

VVER 运行现场操作标准化系列教材. 安全工作守则 / 李连海，张迅，马立主编. --北京：中国原子能出版社，2023.12

ISBN 978-7-5221-3180-1

Ⅰ. ①V… Ⅱ. ①李…②张…③马… Ⅲ. ①核电厂–电力系统运行–安全技术–技术培训–教材 Ⅳ. ①TM623.7

中国国家版本馆 CIP 数据核字（2023）第 225689 号

内 容 简 介

本书对核电厂安全管理要求、工器具使用安全要求、作业安全要求、设备设施安全要求、场所安全要求、网络安全要求、危险源辨识、安全隐患排查、消防响应、现场急救、危化品泄漏应急处置、辐射防护等内容进行了系统的介绍和讲解，对核电厂生产运行从业人员有实际的指导作用，同时对其他企业进行现场安全管理、建立安全管理体系也具有很高的借鉴意义。本书由经验丰富的 VVER 机组核电运行人员结合理论知识和现场运行经验编写，书中内容适用于所有从事核电生产的技术人员参考使用。

VVER 运行现场操作标准化系列教材——安全工作守则

出版发行 中国原子能出版社（北京市海淀区阜成路 43 号 100048）
责任编辑 王 为
装帧设计 邢 锐
责任校对 冯莲凤
责任印制 赵 明
印 刷 北京九州迅驰传媒文化有限公司
经 销 全国新华书店
开 本 787 mm×1092 mm 1/16
印 张 8.5
字 数 190 千字
版 次 2023 年 12 月第 1 版 2023 年 12 月第 1 次印刷
书 号 ISBN 978-7-5221-3180-1 **定 价** **38.00** 元

发行电话：010-68452845

版权所有 侵权必究

《VVER运行现场操作标准化系列教材——安全工作守则》

编委会

主　编	李连海	张　迅	马　立
副主编	顾汉彬	汪安平	汪晓明
	杨　涛	曲华伟	熊炎林

编写人员

靳　梁	段晨旭	李昊原	曹紫枫
郭毅晨	龙振朋	杨　振	尹　杰
杨志豪	冯　浩	聂志华	熊成波
陈　希	龚臣明	左　忱	许光安
史思通	谢　轩	陈吉祥	李　扬
吴　毅	臧　臣	陈　阳	陈小林
何　帅			

目　录

第 1 章　安全工作守则 …… 1
1.1　安全管理要求 …… 1
1.1.1　组织安全管理要求 …… 1
1.1.2　职业健康安全基本行为要求 …… 2
1.1.3　消防保卫交通基本行为要求 …… 3
1.1.4　辐射防护基本行为要求 …… 5
1.1.5　应急管理行为要求 …… 5
1.1.6　环境基本行为要求 …… 5
1.2　工器具使用安全要求 …… 6
1.2.1　简单工具 …… 6
1.2.2　电气工器具 …… 7
1.2.3　手拉葫芦 …… 8
1.2.4　千斤顶 …… 9
1.2.5　配电箱和电源盘 …… 9
1.2.6　气瓶 …… 11
1.2.7　梯子 …… 12
1.2.8　空气压缩机 …… 13
1.2.9　高空作业车 …… 13
1.2.10　安全带 …… 14
1.2.11　安全绳 …… 15
1.2.12　正压式空气呼吸器 …… 16
1.2.13　过滤式防毒面具 …… 16
1.3　作业安全要求 …… 17
1.3.1　高处作业 …… 17
1.3.2　起重作业 …… 19
1.3.3　钢管脚手架搭拆作业 …… 20
1.3.4　有限空间作业 …… 22
1.3.5　电气作业 …… 23
1.3.6　带压堵漏作业 …… 24

1.3.7 高温作业……25
1.3.8 冰塞作业……25
1.3.9 涉酸涉碱作业……26
1.3.10 油漆防腐作业……26
1.3.11 水上作业……27
1.3.12 人力搬运作业……27
1.3.13 表面污染隔离区内作业……28
1.3.14 空气污染隔离区内作业……29
1.3.15 放射性物品存放、运输作业……29
1.3.16 射线探伤作业……30
1.3.17 放射源与射线装置使用及运输作业……31
1.3.18 高辐射风险作业……31
1.3.19 动火作业……32
1.3.20 应急救援……33
1.4 设备设施安全要求……33
1.4.1 安全标志……33
1.4.2 钢直梯……34
1.4.3 钢斜梯……35
1.4.4 护栏及钢平台……35
1.4.5 孔洞……36
1.4.6 锅炉……37
1.4.7 电梯……37
1.4.8 安全阀……38
1.4.9 气体储罐……39
1.4.10 储氢罐……39
1.5 场所安全要求……40
1.5.1 厂房构筑物……40
1.5.2 化学实验室……41
1.5.3 危化品仓库……41
1.5.4 仓储……43
1.5.5 办公场所……43
1.6 网络安全要求……44
1.6.1 信息所有权……44
1.6.2 账号口令安全……44
1.6.3 终端使用安全……44
1.6.4 互联网访问安全……45

1.6.5 电子邮箱使用安全 …… 45
1.6.6 远程办公安全 …… 46
1.6.7 移动存储介质安全 …… 47
1.6.8 数据和文件安全 …… 47
第 2 章 危险源辨识及安全隐患排查 …… 48
2.1 危险源辨识 …… 48
2.1.1 危险源辨识规定 …… 48
2.1.2 确定辨识对象 …… 49
2.1.3 确定对象中的危险源及载体 …… 49
2.1.4 安全风险分级 …… 50
2.1.5 安全风险控制措施 …… 52
2.1.6 安全风险管控措施 …… 52
2.1.7 危险源辨识工作组织流程 …… 53
2.2 安全生产隐患排查 …… 56
2.2.1 安全生产隐患排查治理原则 …… 56
2.2.2 安全生产隐患排查分类 …… 57
2.2.3 安全生产隐患治理 …… 59
2.2.4 安全生产隐患统计分析 …… 60
2.2.5 安全生产隐患报告 …… 60
2.2.6 隐患排查项目清单 …… 61
第 3 章 消防、急救与辐射防护 …… 64
3.1 现场火警 …… 64
3.1.1 机组上的防火措施 …… 64
3.1.2 火灾分类 …… 65
3.1.3 灭火器材 …… 65
3.1.4 电话报警与火警盘报警 …… 68
3.1.5 消防案例 …… 71
3.2 二级干预队 …… 73
3.2.1 二级干预队的组织 …… 73
3.2.2 运行值对发生在双围墙内火警的响应 …… 73
3.2.3 消防行动指南 …… 75
3.2.4 一般的灭火组织与核应急下的灭火组织 …… 75
3.3 急救响应 …… 77
3.3.1 现场急救的概念和意义 …… 77
3.3.2 心肺复苏 …… 78
3.3.3 现场外伤急救 …… 84

3.3.4 中暑……88
3.4 化学品房间危险化学品泄漏应对……90
3.4.1 应急处置原则……90
3.4.2 事故发生的区域或装置的名称……91
3.4.3 发生危险化学品泄漏时工器具的选择……91
3.4.4 现场自救和互救注意事项……91
3.4.5 采取救援对策或措施方面的注意事项……92
3.4.6 使用抢险救援器材方面的注意事项……92
3.4.7 佩戴个人防护器具方面的注意事项……92
3.4.8 防护和救护……93
3.4.9 现场应急处置措施……93
3.5 辐射控制区……100
3.5.1 辐射控制区的定义……100
3.5.2 辐射控制区子区的划分……101
3.5.3 辐射控制区内人员管理……104
3.5.4 辐射控制区内物项管理……110
3.5.5 辐射控制区内人员行为规范……114
3.5.6 反应堆厂房的人员闸门……120
缩略语清单……126

第1章　安全工作守则

1.1　安全管理要求

1.1.1　组织安全管理要求

1）单位应按照《安全生产法》等要求，设置安全管理机构，配备符合数量要求的安全管理人员。

2）单位主要负责人和安全生产管理人员必须具备与本单位从事的生产经营活动相应的安全生产知识和管理能力，应当经过相应的安全培训，并考核合格。

3）单位应明确规定应急组织体系、职责分工以及应急救援程序和措施；制定相应的生产安全事故应急救援预案，并对本单位从业人员进行应急教育和培训。

4）单位应成立以单位主要负责人为主任的安全生产委员会；每季度应至少召开一次安全生产委员会，由安全生产委员会主任主持，会议记录完整。

5）单位应建立横向各职能部门和纵向各级组织专职或兼职安全管理人员队伍，形成健全的安全管理网络。

6）单位应建立安全生产费用提取和使用管理制度，建立安全费用台账，每年完成后应及时总结项目和费用的完成情况。

7）单位必须为从业人员提供符合国家标准或行业标准的劳动防护用品。

8）单位依法为从业人员办理工伤社会保险、安全生产责任险的事项。

9）单位安全管理制度要包括安全生产责任制、安全生产教育培训、安全隐患排查治理、危险作业管理、劳动防护用品管理、事故报告和处理、安全生产费等管理制度。

10）单位主要负责人应组织制定并实施本单位安全生产教育和培训计划，并按计划进行安全教育培训，建全安全培训档案。

11）职工上岗前必须进行三级安全教育，调整工作岗位或离岗一年以上必须进行二、三级培训。

12）对外来参观人员，厂家服务人员等必须进行现场危险有害因素的告知，并在有关人员的陪同下，方可进入现场。

13）单位特种作业人员及特种设备作业人员应100%取得特种作业操作证或特种设备作业人员证并定期复审，方可上岗作业。

14）单位应当定期组织安全生产管理人员、工程技术人员和其他相关人员排查本单位事故隐患；明确排查范围、依据、频次、分级、建档、治理、闭环管理、统计分析、举报奖励等要求。

15）单位特种设备应当经过相关有资质的检验机构检验合格，属于强制检验的应当满足相关部门的注册登记要求。

16）单位必须建立电动工具使用、检查和维修的技术档案。

17）单位应储备必要的应急救援装备和物资，并进行定期检查、维护，保证充足、可用。

18）单位应急救援预案应当及时修订，确保适用和可操作性。

19）单位至少每半年组织 1 次应急救援预案演练，并对演练中发现的问题制定相应的整改措施。

20）单位禁止将危险废物提供或者委托给无经营许可证的单位从事收集、贮存、利用、处置的经营活动。

21）单位运输、装卸易燃易爆危险化学品应使用符合安全标准的车辆和有资质人员。

22）单位应当对员工自行携带使用的劳动防护用品进行认可备案。

23）放射性废液经处理后，排放前必须进行放射性水平分析，符合标准后方可排放。对正在排放的流出物必须进行连续监测，当排放达到预置阈值时，必须发出报警、终止排放。当触发预定的报警阈值或发生事故性排放时，必须立即终止排放。

24）做好扩建机组土建安装施工现场的安全文明施工，现场噪声、扬尘控制、污水排放和建筑垃圾管理等应满足国家和地方法律法规要求。

1.1.2 职业健康安全基本行为要求

1）进入生产现场需佩戴安全帽、安全鞋、工作服（其中在电站室外地面、91UYA、贵宾廊道至主控室/辐射控制区入口/常规岛值班室的通道、餐厅、办公室、值班室等区域进行非检修作业的不做强制要求）。

2）现场电气间电缆盘柜内作业、研磨作业等特例情况、实验室、机加车间机床操作等地点对佩戴安全帽不做要求。

3）外来参观人员在有公司人员陪同的情况下，进入汽轮机大厅对工作服不做强制要求，但需要佩戴安全帽和安全鞋。

4）防冲击眼镜不得替代焊工眼镜、防腐蚀液护目镜等眼部特殊防护用品。

5）公司配发的短袖衬衫可以作为管理巡视等不直接检修或操作设备的人员现场穿着。

6）安全帽的下颚带必须扣在额下，并系牢，松紧要适度，女工的长发必须盘在安全帽内。

7）安全帽使用到期后需要及时换新或鉴定合格后使用，一般情况下使用期限不超过 30 个月。

8）存在铁屑、灰沙、碎石等飞溅风险的场所或工作需要佩戴防冲击护目镜。

9）当暴露于 80 dB 噪声环境中超过 1 h 或 85 dB 以上的工作场所时，应当使用耳罩或耳塞。

10）接触粉尘作业的人员应佩戴防尘口罩。

11）作业环境中有伤害手部的物理、化学和生物等伤害因素时，必须根据需要佩戴适当的防护手套。

12）不得将玻璃水杯带入现场，带入现场的水杯应标识有携带人的单位和姓名，水杯不得放置在系统设备上。

13）不得携带食物进入生产厂房，现场就餐必须到指定的场所内。

14）严禁酒后进入生产现场。

15）进入有明确标识“禁止使用手机”的区域不得使用手机。

16）高风险作业、高处作业（含脚手架作业）、起重作业人员作业期间禁止使用手机。

17）严禁无相关许可从事高风险作业（如动火证、辐射工作许可、高风险作业许可）。

18）不得擅自变更作业方案或工作票中的安全措施。

19）不得擅自解除或损坏安全防护装置和设施。

20）严禁特种作业人员无证上岗操作。

21）现场不得使用性质不明的化学品或未遵守化学安全技术说明书要求。

22）未经许可不得随意存放危险化学品。

23）危险化学品应粘贴二次标签。

24）禁止损坏、踩踏保温或其他不应该踩踏的设备、管道，标识等。

25）避免靠近和长时间停留在可能受到烫伤的地方，例如，汽、水、燃油管道的法兰盘、阀门附近。

26）厂区道路、室内通道上的临时管线（电缆、水管、气管、钢丝绳等），必须设置明显的警告标志或过桥保护措施。

27）上下楼梯扶好扶手。

28）有防异物要求的场所，需佩戴带防异物绳的眼镜、耳塞或耳罩。

29）严禁在生产厂房内睡觉。

30）带钉子的物料应面向下放置或对钉子做折弯处理。

31）临时物项存放应办理存放许可，并张贴现场。

32）工作结束后，应做到工完料尽、场地清，以保持厂房环境的整洁。

1.1.3　消防保卫交通基本行为要求

1）禁止在指定吸烟点以外的场所吸烟。

2）禁止未经许可开展动火作业、隔离消防系统、打开防火屏障、使用消防水、占用消防车道、使用正式消防设施（非火灾情况下）等。

3）应使用防火安全柜存放可燃易燃品；应使用防火安全罐携带可燃易燃液体（有特殊要求除外，如对纯度有特殊要求的易燃可燃液体、与镀锌钢接触会发生物理化学变化的易燃可燃液体等）。

4）作业结束应及时关闭防火门、防火盖板或恢复孔洞封堵；禁止超期或超范围开启防火门、打开孔洞；打开孔洞应做临时封堵，封堵措施应满足防火要求。

5）火警系统隔离作业结束，应拆除火警探头隔离罩，作业中止期间应及时恢复火警系统。

6）物料存放应规范，禁止阻挡门、人员通道、安全出口、阻碍消防通道或车道、影响消防设施或标志。

7）禁止未经许可占用消防车道，厂区道路。

8）易燃易爆区域禁止携带火种，防爆区域禁止使用非防爆电气设备和工具。

9）不得违规携带物资出厂，未经批准不得运输（携带）危险品出入电站厂区。

10）不得在厂区寻衅滋事、聚众闹事、打架斗殴、酗酒、赌博和从事迷信活动。

11）未经许可不得在厂区燃放烟花爆竹。

12）未经许可不得在厂区拍照并网上传播。

13）未经许可不得在厂区放飞无人机。

14）不得涂改、伪造、转借或冒用他人（或车辆）证件，胁迫、利诱、尾随等方式出入电站保卫区域。

15）不得违规穿越实物保护周界（包括攀爬周界围栏，单、双围墙，开启要害区周界门，违规穿越红外探测边界，翻越三角闸，破坏实物保护周界等）。

16）未经许可不得携带、传递、隐匿非个人物资出场区。

17）主动出示通行证件，接受执勤警卫查验，任何人不得以任何方式干扰、阻挠、威胁、恐吓执勤警卫的验证工作。

18）不得故意、恶意输入防胁迫码。

19）严禁携带枪支、弹药、爆炸物品、管制刀具等违禁品进入电厂。

20）严禁携带打火机等火种进入保护区。

21）不得驾驶未按法律规定检验、具有安全隐患的机动车进入厂区。

22）机动车按规定悬挂号牌，并保持清晰、完整，不得故意遮挡、污损。

23）饮酒、服用国家管制的精神药品或者麻醉药品，或者患有妨碍安全驾驶机动车的疾病，不得驾驶机动车进入厂区。

24）厂区内原则上不得超车（核应急车辆、消防车、救护车、工程救险车执行紧急任务时除外），后车应当与前车保持足以采取紧急制动措施的安全距离。

25）机动车在厂区内行驶最高时速不得超过 30 km/h，不得违章停车。

26）乘车人不得携带易燃易爆等危险物品乘车，不得向车外抛掷物品。

27）严禁车辆驾驶员在道路行驶期间拨打、接听、察看、玩弄手机。

28）严禁盗窃或破坏电站设施、他人财物。

1.1.4　辐射防护基本行为要求

1）严禁未取得“辐射安全培训合格证”的人员操作放射源。

2）进入辐射控制区的人员都必须穿戴基本防护用品并在辐射控制区连体服左上口袋放入自己的《辐射控制区通行证》、电子剂量计和热释光剂量计。

3）进出污染隔离区按要求穿脱附加防护用品并对作业过程中产生的废物进行正确分类并放置在专用废物袋内。

4）辐射控制区内不随地坐卧。

5）未经许可不得进入橙区、红区、射线探伤隔离区域。

6）未经许可不得携带放射性物质出辐射控制区。

7）作业期间关注现场的辐射状态变化，一旦发现个人剂量计 DMC2000S 超剂量阈值报警、固定在线场所监测仪表报警，以及其他辐射异常现象（例如，辐射控制区内一回路系统或设备跑、冒、滴、漏等问题），应在保证设备暂时处于安全状态下撤离至安全区域后立即通知辐射防护人员。

1.1.5　应急管理行为要求

1）应急待命值班人员应按程序要求携带手机，并保证其 24 h 处于正常工作状态，待命值班期间不许喝酒，保持良好的应急响应能力。

2）按要求参加相应的应急培训和应急演练，积极主动地获取应急相关知识。

3）在电站应急响应时，非应急人员应服从指挥，不信谣、不传谣，不得私自拨打应急电话和向应急人员询问事故情况，不得私自向外传播任何有关事故信息。

4）在应急集合、清点、服用碘片、隐蔽和撤离过程中，应保持良好秩序，听从指挥、积极配合，不得擅自离开集合清点队伍。

5）爱护电站应急设施、设备、物资，非应急情况下不得违规占用或挪作他用。

1.1.6　环境基本行为要求

1）收集、贮存、运输、利用、处置固体废物，必须采取防扬散、防流失、防渗漏或者其他防止污染环境的措施。

2）禁止在废物收集点收集容器以外的场所、容器倾倒、堆放、丢弃、遗撒固体废物。

3）收集、贮存、运输、处置固体废物的设施、设备和场所，相关管理人员应当加强管理和维护，保证其正常运行和使用。

4）危险废物的容器、包装物，以及收集、贮存、运输、处置危险废物的设施、场所，必须设置危险废物识别标志。

5）严禁将危险废物或存在危险特性可能的废旧物资与普通废旧物资混放、混存。

6）禁止将废铅酸蓄电池堆放在露天场地，避免废蓄电池遭受雨淋水浸。

7）禁止将建筑垃圾混入生活垃圾，不得将危险废物混入建筑垃圾，不得擅自设立弃置场收纳建筑垃圾。

8）禁止随意倾倒、抛撒或者堆放建筑、生活垃圾。

9）贮存砂土等易产生扬尘的物料应当密闭；不能密闭的，应当设置不低于堆放物高度的严密围挡，并采取有效覆盖措施防治扬尘污染。

10）装卸物料应当采取密闭或者喷淋等方式防治扬尘污染。

11）运输垃圾、渣土、砂石、土方、灰浆等散装、流体物料的车辆，必须采取密闭或者其他措施防止物料遗撒。

12）禁止向环境排放油类、酸液、碱液或者剧毒废液；禁止向环境排放、倾倒放射性固体废物或者含有高放射性和中放射性物质的废水；禁止向环境排放、倾倒工业废渣和其他废弃物。

13）污泥处理处置部门应当安全处理处置污泥，保证处理处置后的污泥符合国家标准，交给有资质的单位处置并对污泥的去向等进行记录。

14）禁止利用渗井、渗坑、裂隙、溶洞，私设暗管，篡改、伪造监测数据，或者不正常运行水污染防治设施等逃避监管的方式排放水污染物。

15）垃圾需分类投放、收集、处理。对放射性废物、非放射性工业垃圾进行分类投放、收集、处理，垃圾桶、标志牌摆放要清楚明显，油、清洗剂、溶剂等易燃垃圾，以及金属与非金属垃圾要与普通垃圾分类投放、收集，放射性废物收集点不能混有非放废物。

1.2 工器具使用安全要求

1.2.1 简单工具

1）大锤和手锤的锤头应完整，其表面应光滑微凸，不应有歪斜、缺口、凹入及裂纹等缺陷。

2）工具手柄要保持干燥和清洁，不应有油污。

3）大锤和手锤的柄应用整根的硬木制成，且头部用楔栓固定，楔栓宜采用金属楔。

4）严禁戴手套使用大锤或用单手抡大锤，且周围不准有人靠近。

5）禁止使用手锤的侧面敲击物体。

6）当在小件物品上使用螺丝刀时，不能将物品拿在手中，以防止螺丝刀突然滑脱刺伤手部。

7）不得使用手柄有毛刺和裂缝的螺丝刀。

8）在进行电气作业时必须使用手柄绝缘的螺丝刀。

9）锉刀不能当作榔头使用，也不能当作橇杆使用。

10）扳手只可用于扭旋各种螺栓，不准将扳手当榔头使用。

11）扳手和螺母必须保持在同一平面，尽可能向内扳动扳手，而不是向外推动扳手。

12）如果需要用手锤敲击扳手来松动螺母或螺杆，应使用专用扳手。

13）不准在扳手上增加手柄做延长杆使用。

14）现场禁止使用活络扳手。

15）使用撬杠作业时，支垫物应可靠，并采取措施防止被撬物倾倒或滚落。

16）凿子凿坚硬或脆性物体时（如水泥等），必须戴防护眼镜。

17）工器具防坠绳不应有磨损、散股、松脱等现象。

1.2.2　电气工器具

1）电动工具应具有国家强制认证标志、产品合格证和使用说明书。

2）电动工具必须存放在干燥、无有害气体或腐蚀性物质的场所。

3）在维修时，电动工具内的绝缘衬垫、套管不得任意拆除或漏装，电源线不得任意调换。

4）电动工具的危险运动零部件的防护装置（如防护罩、盖等）不得任意拆卸。

5）经定期检查合格的电动工具，应在工具的适当部位，粘贴检查合格标识。合格标识应清晰、正确并至少应包括：工具编号检查单位名称或标记检查人员姓名或标记有效日期。

6）电气工器具应由专人保管，每 6 个月测量一次绝缘，绝缘不合格或电线破损的不应使用。

7）电气工器具在使用前，必须检查电动工具外壳、手柄、保护接地线（PE）连接、电源线、插头、电源开关、防护装置等完好。

8）在一般作业场所，应使用Ⅱ类电动工具；若使用Ⅰ类电动工具时，还应在电气线路中采用额定剩余动作电流不大于 30 mA 的剩余电流动作保护器、隔离变压器等保护措施。

9）在潮湿作业场所或金属构架上等导电性能良好的作业场所，应使用Ⅱ类或Ⅲ类电动工具。

10）Ⅲ类工具的安全隔离变压器，Ⅱ类工具的剩余电流动作保护器及Ⅱ、Ⅲ类工具的电源控制箱和电源耦合器等必须放在作业场所的外面。在狭窄作业场所操作时，应有人在外监护。

11）在锅炉、金属容器、管道内等作业场所，应使用Ⅲ类电动工具或在电气线路中装设额定剩余动作电流不大于 30 mA 的剩余电流动作保护器的Ⅱ类电动工具。

12）手持式电动工具的负荷线必须采用橡皮护套铜芯软电缆，并不应有接头。

13）不熟悉电气工器具使用方法的工作人员不准擅自使用。

14）使用外壳为金属材料的电动工具时，应戴绝缘手套。

15）使用塑料外壳的电气工器具应防止碰、磕等损坏外壳，且严禁与汽油及其他有机溶剂接触。

16）使用电动工具时，必须同时使用漏电保安器，漏电保安器应进行定期试验检查。

17）电气工器具的电线不应接触热体，不应放在潮湿的地上，经过通道时必须采取架空或套管等其他保护措施，严禁重载车辆或重物压在电线上。

18）使用电气工具时，不应提着电气工具的导线或转动部分。

19）在梯子上使用电气工具，应做好防止感电坠落的安全措施。

20）装卸钻头应在断电情况下进行，装卸钻头不应用锤子或其他金属敲击。

21）严禁手持工件进行钻孔。

22）在金属容器内和狭窄场所工作时，必须使用 24 V 以下的电气工具，或选用Ⅱ类手持式电动工具。必须设专人不间断地监护，监护人可以随时切断电动工具的电源。电源连接器和控制箱等应放在容器外面、宽敞、干燥场所。

23）行灯电压不应超过 36 V，在周围均是金属导体的场所和容器内工作时，不应超过 24 V，在潮湿的金属容器内、有爆炸危险的场所工作时不应超过 12 V。

24）行灯电源应由携带式或固定式的降压变压器供给，变压器不准放在金属容器或特别潮湿场所的内部。

25）行灯变压器的外壳应可靠地接地，不准使用自耦变压器，高压侧应使用三相插头。

26）携带式行灯变压器的高压侧应带插头，低压侧带插座，并采用两种不能互相插入的插头。

1.2.3 手拉葫芦

1）手拉葫芦传动部分及起重链条应润滑良好，紧固件不得松动，空运转正常。

2）手拉葫芦起重链条应无过量磨损、腐蚀、变形和外部损伤。

3）手拉葫芦吊钩应无裂纹、锐角、毛刺、腐蚀、翘曲和扭转等有害缺陷。

4）手拉葫芦的检查每年不得少于 1 次。

5）手拉葫芦严禁超负荷起吊或斜吊使用。

6）手拉葫芦悬挂的支撑点必须牢固、稳定。

7）手拉葫芦严禁将下吊钩回扣到起重链条上起吊重物或使用起重链条对吊物进行捆绑。

8）已吊起的重物如需工作暂停或将重物悬吊空中时，手链应拴在起重链上以防自锁失灵。

9）手拉葫芦不允许抛掷。

10）手拉葫芦起重链条不得扭转和打结，双行链手拉葫芦的下吊钩组件不得翻转。

11）手拉葫芦吊钩应在重物重心的铅垂线上，严防重物倾斜、翻转。

12）作业时操作者不得站在重物上面操作，也不得将重物吊起后停留在空中而离开现场。

13）手拉葫芦不得使用非手动驱动方式起吊重物。

14）手拉葫芦起吊发现拉不动时，不得增加拉力，要立即停止使用，检查重物是否与其他物件牵连，重物重量是否超过了额定起重量，葫芦机件有无损坏等。

15）手拉葫芦上升或下降重物的距离不得超过规定的起升高度，以防损坏机件。

16）手拉葫芦使用完毕后，应存放在干燥场所长期放置。

1.2.4 千斤顶

1）千斤顶使用前必须检查其完好状态，有问题的千斤顶不准使用，油压式的活塞阀门必须良好，油量必须充足，并保持清洁。

2）液压千斤顶油路应无渗漏。

3）千斤顶的顶重头必须能防止重物的滑动。

4）螺旋千斤顶或齿条千斤顶应装有防止螺杆或齿条脱离丝扣或齿轮的装置。

5）不准使用螺纹或齿条已磨损的千斤顶。

6）千斤顶主要部件应配套检定与使用。

7）千斤顶必须垂直地放在荷重的下面，必须安放在结实的或垫以硬板的基础上，以免在举重时发生歪斜，压弯齿条或螺纹。

8）使用液体或压缩空气传动的千斤顶时，禁止工作人员站在千斤顶安全栓的前面。

9）当液体或压缩空气传动的千斤顶升至一定高度时，必须在重物下放垫板，防止活塞突然下降，发生事故。往下放时，应随重物下放高度逐步撤去垫板。

10）用两台以上千斤顶起一重物时，应选择上升速度相同者；如用不同的速度者，则应逐一多次轮流慢慢启动。每个千斤顶必须均匀，放在重心两侧力矩对称的位置上。顶升的形成速度必须保持相等、平衡。

11）禁止将千斤顶放在长期无人照料的荷重下面。

12）千斤顶严禁超载使用。

13）不能在仅用千斤顶顶升的物体下工作。

1.2.5 配电箱和电源盘

1）配电箱、开关箱应采用冷轧钢板或阻燃绝缘材料制作，装设在干燥、通风及常温场所，装设应端正、牢固，外形结构应能防雨、防尘，箱体表面应做防腐处理。

2）配电箱、开关箱内不得放置任何杂物，内外均不得堆放任何妨碍操作、维修的物品。

3）配电箱、开关箱应有名称、用途、分路标记及系统接线图。

4）配电箱、开关箱应定期检查、维修。检查、维修人员必须是专业电工。

5）配电系统应设置配电柜或总配电箱、分配电箱、开关箱，实行三级配电。

6）电源箱箱体应接地良好，接地、接零标志清晰，分级配置漏电保安器。

7）配电箱与照明配电箱宜分别设置。当合并设置为同一配电箱时，动力和照明应分路配电。

8）电源开关外壳和电缆绝缘有破损不完整或带电部分外露时，禁止使用，应立即进行检修。

9）配电箱、开关箱内的电气配置和接线严禁随意改动，并不得随意挂接其他用电设备。

10）配电柜的金属框架及基础型钢应可靠接地。门和框架的接地端子间应采用软铜线进行跨接。

11）配电箱内的连接线应采用铜排或铜芯绝缘导线，当采用铜排时应有防护措施：连接导线不应有接头、线芯损伤及断股。

12）配电箱电缆的进线口和出线口应设在箱体的底面，当采用工业连接器时可在箱体侧面设置。

13）当分配电箱直接供电给末级配电箱时，可采用分配电箱设置插座方式供电，并应采用工业用插座，且每个插座应有各自独立的保护电器。

14）配电箱、开关箱的进线和出线严禁承受外力，严禁与金属尖锐断口、强腐蚀介质和易燃易爆物接触，应配置固定线卡、进出线应加绝缘护套并成束卡在箱体上，不得与箱体直接接触。

15）移动式配电箱、开关箱的进出线应采用橡皮护套绝缘电缆，不得有接头。

16）配电箱、开关箱内的电器（含插座）应先安装在金属或非木质阻燃绝缘电器安装板上，然后整体紧固在配电箱、开关箱箱体内；金属电器安装板与金属箱体应做电气连接。

17）配电箱、开关箱内的电器（含插座）应按其规定位置紧固在电器安装板上，不得歪斜和松动。

18）配电箱的电器安装板上必须分设 N 线端子板和 PE 线端子板。N 线端子板必须与金属电安装板绝缘；PE 线端子板必须与金属电器安装板做电气连接。进出线中的 N 线必须通过 N 线端子板连接；PE 线必须通过 PE 线端子板连接。

19）配电箱导线绝缘的颜色标记必须符合以下规定并排列整齐：相线 L1（A）、L2（B）、L3（C）的绝缘颜色依次为黄、绿、红色；N 线的绝缘颜色为淡蓝色；PE 线的绝缘颜色为绿/黄双色。上述颜色标记严禁混用和互相代用。

20）配电箱、开关箱隔离开关应设置于电源进线端。

21）漏电保护器应装设在总配电箱、开关箱靠近负荷的一侧，且不得用于启动电气设备的操作。

22）开关箱中漏电保护器的额定漏电动作电流不应大于 30 mA，额定漏电动作时间不应大于 0.1 s。

23）使用于潮湿或有腐蚀介质场所的漏电保护器应采用防溅型产品，其额定漏电动作电流不应大于 15 mA，额定漏电动作时间不应大于 0.1 s。

24）总配电箱和开关箱中漏电保护器的极数和线数必须与其负荷侧负荷的相数和线数一致。

25）现场使用的临时配电柜或箱在接上电源后，柜盖应保持关闭状态。

26）作业现场停止作业 1 h 以上时，应将动力开关箱断电上锁。

27）电源盘应定期校验，并粘贴合格证，超过有效期禁止使用。

28）电源盘应配备漏电保护器（30 mA，0.1 s）。

29）电源盘电源线应使用橡皮软线。

30）电源盘电缆线长度不得超过 30 m。

31）脚手架上禁止乱拉电线。必须安装临时照明线路时，应另设木横担或 S 钩。

32）不要将移动电缆盘放在潮湿、有易燃物的环境下。

33）移动电缆盘的熔丝熔断后，必须查明原因，排除故障后方可更换熔丝。更换熔丝、装好保护罩后方可送电。不能用铜丝、铁丝代替保险丝。

34）电气装置的接地必须单独与接地母线或接地网相连接，严禁在一条接地线中串接两个及两个以上需要接地的电气装置。

1.2.6　气瓶

1）盛装溶解乙炔的气瓶，应当装设易熔合金塞装置。

2）公称容积大于等于 5 L 的钢质无缝气瓶，应当配有螺纹连接的快装式瓶帽或者固定式保护罩。

3）不能靠瓶底直立的气瓶，应当配有底座（采用固定支架或者集装框架的气瓶除外）。

4）每一气瓶上必须套以厚度不少于 25 mm 的防振胶圈两个，禁止运送和使用没有防振胶圈和保险帽的气瓶。

5）运输气瓶时盖好瓶帽（有防护罩的气瓶除外），轻装轻卸，严禁抛、滑、滚、碰、撞、敲击气瓶；气瓶不准顺车厢纵向放置，应横向放置且瓶端朝向一致并可靠固定。

6）用敞车运输气瓶时，应用帆布遮盖或采取其他遮阳措施，以防止烈日暴晒。

7）气瓶搬运时应将瓶颈上的保险帽和气门侧面连接头的螺母盖盖好。

8）运送氧气瓶时，应保证气瓶不沾染油脂、沥青等。

9）严禁把氧气瓶及乙炔瓶放在一起运送，也不准与易燃物品或装有可燃气体的容器一起运送。

10）气瓶使用时应垂直放置并固定起来，防止倾倒。

11）气瓶、管路、阀门和接头应固定，不得松动位移，且管路和阀门应有防止碰撞的防护装置。

12）不得将气瓶内的气体用尽，瓶内至少应保留 0.05 MPa 以上的压力，以防空气进入气瓶。

13）禁止装有气体的气瓶与电线相接触。

14）当气瓶冻住时，不得在阀门或阀门保护帽下面用撬杠撬动气瓶松动。应使用 40 ℃以下的温水解冻。

15）气瓶不得作为滚动支架或支撑重物的托架。

1.2.7 梯子

1）梯子仅限于 4 m 以下的登高或短时间内可完成的轻工作，否则需要使用脚手架平台。

2）不得将梯子用作支撑架、滑板、跳板或其他用途。

3）梯子应至少半年进行一次外观检查，检查合格后张贴合格证。

4）人字梯应有坚固的铰链和限制开度的拉链。

5）梯子使用前应进行检查确保金属梯脚套完整、螺栓无松动、无焊接损坏的地方，检查不合格或有缺陷的梯子，应及时搬离工作现场。

6）梯子使用前应将梯子安置稳固，在光滑坚硬的地面上使用梯子时，应进行固定，防止滑动；禁止把梯子架设在不稳固的支撑物上使用。

7）上下梯子时保持三点接触原则（双手和双脚四点中的三点），且人必须面向梯子，上下时双手交替握紧梯柱。

8）不得将梯子用作过桥；不得将人字梯折叠作单梯使用。

9）在梯子上工作时，梯与地面的斜角度应为 60° 左右。

10）存放梯子应横放或采取可靠的固定措施。

11）工作人员必须登在距梯顶不少于 1 m 的梯蹬上工作。

12）不得两人同时在梯子上作业，下方应有人扶着梯子，必须做好防止落物打伤下面人员的安全措施。

13）梯子使用时避免侧向作业，造成梯子侧向倾倒。

14）带电区作业不宜使用金属梯，并应与带电部分保持安全距离。

15）延伸梯应收缩固定后搬运，人字梯应在合拢后搬运，长度在 4 m 以上的梯子，搬运应由两人进行，应放倒平运。

16）在通道上使用梯子时，应设监护人或设置临时围栏。

17）放在门前使用时，必须采取防止门突然开启的措施。

18）人在梯子上时，禁止移动梯子。

19）在梯子上工作时应使用工具袋，物件不准从梯上或梯下互相抛递。

20）软梯必须每半年进行一次荷重试验，试验结果应作记录，过期未作试验的软梯，不准继续使用。

21）使用软梯时，软梯应挂在可靠、牢固的承载物上，并注意防火、防磨、防腐。

22）软梯应由使用者或指定专人负责架设，使用前必须认真检查。

23）在软梯上只准同时一个人工作或上下，并应有安全带以及防坠器等附加的安全措施。

1.2.8 空气压缩机

1）空气压缩机作业区应保持清洁和干燥，贮气罐应放在通风良好处，距贮气罐15 m以内不得进行焊接或热加工作业。

2）空气压缩机零部件及附属机具应齐全，进排气阀不应漏气，整机不得有油污和明显锈蚀，管路敷设应合理、固定可靠。

3）空气压缩机电器和电控装置应齐全、可靠，电气系统绝缘应良好，接零装置敷设和接地体（线）连接正确、牢固。

4）空气压缩机储气罐罐体应在检定期内使用，储气罐焊缝不得有开焊和裂纹，罐体不得有变形，并应有出厂合格证。

5）空气压缩机应保持润滑良好，压力表准确，自动启、停装置灵敏，安全阀可靠，并应由专人维护。

6）空气压缩机压力表、安全阀及调节器等应定期进行校验；压力表的检定周期一般不超过6个月。

7）空气压缩机压力表应装配牢固、无松动现象，可见部分应无明显的瑕疵、划伤、连接件应无明显的毛刺和损伤。

8）空气压缩机应处于水平状态，放置应稳固，其拖车应可靠接零，工作前应将前后轮固定，不应有窜动。

9）空气压缩机的进排气管较长时，应加以固定，管路不得有急弯，并应设伸缩变形装置。

10）空气压缩机应在无载状态下启动，启动后应低速空运转，检视各仪表指示值，运转正常后，逐步加载。

11）空气压缩机输气胶管应保持畅通，不得扭曲，开启送气阀前，应将输气管道连接好，并应通知现场有关人员后再送气，在出气口前方不得有人。

12）空气压缩机进气阀、排气阀、轴承及各部件不得有异响或过热现象。

13）空气压缩机每工作2 h，应将液气分离器、中间冷却器、后冷却器内的油水排放一次。储气罐内的油水每班应排放1～2次。

14）电动空气压缩机运转中停电时，应立即切断电源，并应在无载荷状态下重新启动。

15）空气压缩机停机后，在离岗前应关闭冷却水阀门，打开放气阀，放出各级冷却器和贮气罐内的油水和存气。

1.2.9 高空作业车

1）高空作业车辆应定期维护保养。

2）高空作业车辆起升、制动装置应可靠，液压机构无渗漏现象，严禁超载使用。

3）高空作业车外露金属表面应进行防锈处理。

4）高空作业车的标牌、标志应安装牢固、端正、醒目、清晰。

5）高空作业车最大作业高度大于或等于 20 m 时，应备有上下联系的通信设备。

6）高空作业车在坚固的水平地面上，支腿外伸，平台承载额定载荷，伸展机构伸展到整车稳定性最不利状态时紧急制动，任一个支腿不应离地。

7）高空作业车工作平台四周应有护栏或其他防护结构；工作平台可设置出入门，也可用栏杆或其他设施代替，不应使用链条或绳索作为护栏栏杆或出入门。

8）高空作业车非绝缘工作平台的工作表面应能防滑和自排水，平台表面的开口（排水口）或工作平台表面与踢脚板、出入门之间的开口尺寸，应能防止直径 15 mm 的球体通过。

9）高空作业车工作平台应备有系安全带或绳索的结点，结点附近应有明显标识。

10）高空作业车工作平台上应醒目地注明工作平台额定载荷和承载人数。

11）高空作业车伸展机构由单独的钢丝绳或链条实现传动时，系统应有断绳（链）安全保护装置。

12）高空作业车每个伸展机构的控制点均应装有急停开关，其应能及时、有效地切断所有动力系统，并应置于操作者应于操作的位置。

13）高空作业车采用液压式支腿和伸展机构时，应设有防止液压管路发生故障时回缩的安全保护装置。

14）高空作业车应装有车架倾斜指示装置（如倾斜开关或水平仪）。指示装置应设置防止意外更改及损坏的保护装置。

15）高空作业车上各动作的终点位置应设有限位装置。

16）最大作业高度大于 30 m 的高空作业车，工作平台上应设风速测量仪，风速测量仪应设置在工作平台迎风处。

17）高空作业车当用底盘轮胎作为支点时，则在作业时应对底盘的悬架系统进行锁定，并应具有防爆胎倾翻措施。

18）高空作业车用支腿进行调平，在支腿展开调平并支撑可靠之前，臂架应不能伸展；在臂架未收回到支承托架之前，下车支腿应不能收回。

19）高空作业车臂架在伸展过程中，当任一支腿出现不受力情况时，应有声音报警或声光报警信号。

20）无支腿可行走作业的高空作业车，当达到倾斜极限时，工作平台上应有声光报警信号。

21）高空作业车的各机构应保证平台起升和下降时动作平稳、准确，无爬行、振颤、冲击等现象；工作平台的起升、下降速度不应大于 0.4 m/s。

1.2.10 安全带

1）安全带必须有产品检验合格证，无证明不准使用。

2）安全带用于体重在 100 kg 以下的人员使用，应正确穿戴。

3）安全带超过说明书规定期限的禁止使用或经过检验后使用。

4）安全带金属环类零件不应使用焊接件，不应留有开口。

5）安全带的标识由永久标识（永久性标志缝制在主带上）和产品说明组成。

6）安全带的安全绳（包括未展开的缓冲器）有效长度不大于 2 m。

7）安全带有两根安全绳（包括未展开的缓冲器）的，其单根有效长度不应大于 1.2 m。

8）安全带在使用前必须进行检查，检查安全绳有无裂纹，缝线处是否牢靠，金属件有无缺失、裂纹及锈蚀，卡簧弹跳性是否良好，严禁使用有变形、破损等缺陷的安全带。

9）安全带挂钩应挂在牢固可靠的构件上，禁止挂在移动或不牢固的构件上。

10）安全带要高挂低用，挂钩高于工作时的人员肩部位置，并防止摆动、碰撞、避开尖锐物体，避免导致安全绳处于强烈摩擦、割伤的情形，防止安全绳受损。

11）安全带绳子不能打结使用，钩子要挂在连接环上，安全绳的有效长度不大于 2 m，严禁擅自接长使用，如使用 3 m 及以上的长绳时必须加缓冲器。

12）安全带应根据作业特点选择正确型号，对于在高处作业需要来回移动和走动的工作（如设备清洁等）应使用双挂钩安全带，确保人员在移动过程中始终有一安全带处于挂好状态。

13）严禁将安全带挪作他用，安全带的安全绳禁止用作悬吊绳。

14）安全带上的各种部件不得随意拆卸或改装。

1.2.11 安全绳

1）安全绳所有零部件应顺滑，无材料或制造缺陷，无尖角或锋利边缘。

2）安全绳绳体在构造上和使用过程中不应打结。

3）安全绳接近焊接、切割、热源等场所时，应对安全绳进行隔热保护。

4）钢丝绳式安全绳，应由高强度钢丝搓捻而成，且捻制均匀、紧密、不松散。

5）钢丝绳式安全绳末端在形成环眼前应使用铜焊或加金属帽（套）将散头收拢。

6）钢丝绳式安全绳，应由整根钢丝绳制成，中间不应有接头。

7）钢丝绳式、纤维绳式安全绳绳末端连接金属件时，末端环眼内应加支架。

8）钢丝绳式安全绳端部必须用与钢丝绳直径对应的标准绳卡进行固定，并且每个端头的绳卡数量不少于 3 个；绳卡之间的距离不应小于钢丝绳直径的 6 倍。

9）钢丝绳式安全绳绳体在使用过程中不应扭结，盘绕直径不宜过小。

10）钢丝绳式安全绳，在腐蚀性环境中工作时，应有防腐措施。

11）钢丝绳式安全绳，接近热源工作时，应选用具有特级韧性石棉芯钢丝绳或具有钢芯的钢丝绳。

12）织带式安全绳织带末端缝纫部分应加护套，应尽可能透明。

13）织带式安全绳织带末端连接金属件时，应在末端环眼内部缝合一层加强材料或加护套。

14）纤维绳式安全绳，若绳索为多股绳，则股数不应少于 3 股。

15）纤维绳式安全绳绳头编花前经燎烫处理，编花后不能进行燎烫处理，编花部分应加保护套。

16）安全绳两个锚固点之间距离不宜大于 6 m。

1.2.12 正压式空气呼吸器

1）空气呼吸器操作者需接受空气呼吸器专业使用训练。

2）空气呼吸器的面罩应与佩戴者面部密合良好，无明显压痛感。

3）空气呼吸器使用前应检查空气存量、警报装置、各管阀是否有泄漏，穿戴时面罩应贴紧脸部，测试呼吸时应无漏气，确保呼吸器状态完好。

4）空气呼吸器的气瓶瓶阀与减压器、面罩与供气阀的连接应可靠。

5）空气呼吸器的气瓶内压力下降至 5～6 MPa 时，警报器应发出连续声响报警或间歇声响报警，连续声响时间不应少于 15 s，间歇声响时间不应少于 60 s。

6）空气呼吸器残压警报响起时，应立即退出危险区域，并重新冲灌空气。

7）空气呼吸器禁止用手拿瓶阀移动气瓶，防止瓶阀脱落。

8）空气呼吸器的中压导气管应不妨碍佩戴者工作和头部自由活动。

9）所有紧急情况和救援使用的呼吸防护用品应保持待用状态，并置于适宜储存、便于管理、取用方便的地方，不得随意变更存放地点。

10）呼吸防护用品应保存在清洁、干燥、无油污、无阳光直射和无腐蚀性气体的地方且储存时应避免面罩变形。

11）呼吸防护用品应由受过培训的人员做定期检查和维护。

12）携气式呼吸防护用品使用后应立即更换用完的或部分使用的气瓶或呼吸气体发生器，并更换其他过滤部件。

13）携气式呼吸防护用品更换气瓶时不允许将空气瓶和氧气瓶互换。

1.2.13 过滤式防毒面具

1）过滤式防毒面具的面罩边缘应平滑，无明显棱角和毛刺。

2）过滤式防毒面具的面罩应无影响气密性的缺陷。

3）过滤式防毒面具的面罩应与面部紧密贴合。

4）过滤式防毒面具的过滤件上应清晰标明防护气体名称。

5）防毒过滤元件不应敞口储存。

6）密合型面罩（全面罩/半面罩），使用前应做佩戴气密性检查，以确认密合。

7）使用中感到异味、咳嗽、刺激、恶心等不适症状时，应立即离开有害环境，并应检查呼吸防护用品，确定并排除故障后方可重新进入有害环境；若无故障存在，应更换有效的过滤元件。

8）呼吸防护用品同时使用数个过滤元件需要更换时应同时更换，如双过滤盒。

9）呼吸防护用品除通用部件外，不应将不同品牌的部件拼装或组合使用。

10）防毒过滤元件的更换：当使用者感觉空气污染物味道或刺激性时，应立即更换。

11）防毒面具滤盒应在使用期内，根据作业场所所含有毒有害气体种类选择滤盒。

12）呼吸防护用品的过滤元件不允许清洗。

13）过滤式防毒面具的导气管应具有良好的伸缩性，弯曲成各种形状时应能保证气流通畅。

14）过滤式防毒面具的呼吸阀应有呼吸阀盖且具有良好的动作性。

15）过滤式呼吸防护用品滤毒罐或滤毒盒内的吸附过滤材料使用者不得自行重新装填。

16）不得采取任何方法自行延长已经失效的过滤元件的使用寿命。

17）可更换过滤元件的过滤式呼吸防护用品，清洗前应将过滤元件取下。

18）防毒面具滤毒盒上应填写首次启用日期。

1.3 作业安全要求

1.3.1 高处作业

1）担任高处作业人员必须身体健康，患有精神病、癫痫病，及经医师鉴定患有高血压、心脏病等不宜从事高处作业病症的人员，不准参加高处作业。

2）工作人员有饮酒、精神不振时，禁止登高作业。

3）井、坑、孔、洞或沟道盖板打开，必须设有坚固的临时围栏，工作结束后，必须恢复原状。

4）高处作业地点的下方应设置隔离区，并设置明显的警告标志，防止落物伤人，不准他人在工作地点下方通过或逗留。

5）高处作业下方应酌情设置隔离区，防止落物伤人（当作业位置至其底部的垂直距离在 2～5 m，隔离区半径应为 2 m；当作业位置至其底部的垂直距离。

6）在 5～10 m，隔离区半径应为 3 m；当作业位置至其底部的垂直距离在 15～30 m，隔离区半径应为 4 m；当作业位置至其底部的垂直距离大于 30 m 时，隔离区半径应为 5 m）。

7）作业前检查临边、孔洞的防护栏杆、盖板是否牢靠。

8）高处作业使用的安全带要求为五点式双钩安全带。在有坠落可能的状态下，任何时间内必须有一条安全带系索是处于系挂好的状态。

9）严禁高处临边作业不系安全带，翻越、踩踏高处平台护栏；在没有栏杆的脚手架上工作，高度超过 1.5 m 时，也应使用安全带，或采取其他可靠的安全措施。

10）在离屋顶边缘或屋顶开口 1.2 m 内没有防护栏时，应系挂安全带。

11）高处临边、走道平台等区域由于受条件限制如无可靠的安全带挂点时宜增设水平安全绳，工作过程中不得擅自更改安全绳的布置方式。

12）高处进行拆卸、切割作业，格栅平台上作业对相关部件、工器具采取绑扎等防坠的措施，防止物体掉落。

13）不准将工具及材料上下投掷，要用吊篮或绳系牢后往下或往上吊，以免打伤下方工作人员或击毁脚手架。

14）尽量避免上下层同时进行立体交叉作业，确因工作需要必须上下层同时工作时，须在中间搭设严密牢固的防护隔板、罩棚或其他隔离措施。

15）对强度不足的作业面（如铁皮板、轻质型材、采光浪板、装饰板等），人员在作业时，必须采取加强措施，必要时搭设临时走道板，防止踏空坠落。

16）高处作业工作面上不准堆放超过允许载荷的物件，高处临边不得堆放物件，废弃物应及时清理。

17）攀爬落差超过 5 m 的通道，如脚手架上下通道、无护笼的直梯、竖井、深坑时，必须使用防坠器或双钩安全带或带自锁器的安全绳。

18）禁止两人以上（包括两人）同时攀爬同一竖直爬梯。

19）不得手中持物上下直爬梯。

20）在设有防坠落链条的爬梯上，人员进入应及时将防坠落链条挂好，防止人员坠落。

21）在 6 级及以上的大风以及暴雨、打雷、大雾等恶劣天气，应停止露天高处作业。

22）在靠近高压带电体进行高处作业时，应停电进行。不能停电时，脚手架、梯子以及人体与带电体应采取防止触电措施。

23）脚手架严禁超荷载使用。

24）脚手架使用前，必须进行脚手架整体检查；禁止使用未经验收、未悬挂《脚手架验收牌》的脚手架。

25）禁止在脚手架（起吊架除外）和脚手板上进行起重工作。

26）脚手架在每次使用前应进行检查。如果发现脚手架不符合标准或规定的，则必须立刻通知脚手架搭置专业人员进行维修，否则不能开始工作。

27）不能在脚手架上使用梯子、凳子、垫脚物等进行垫高作业。

28）上下脚手架应走“井”字形爬梯或挂梯，不得借脚手立杆、栏杆或构筑物攀爬。

29）脚手架上临时放置的零星物件，必须做好防窜、防坠落、防滑的措施。

30）严禁在脚手架上有人或工具、材料的情况下移动脚手架。

31）使用移动式脚手架时，下方滚轮应固定。

32）在冬季应清除脚手板上的冰雪，并采取适当的防滑措施。

33）移动式脚手架使用前应经过验收，使用过程中滚轮必须要有可靠的固定措施，上面有人时禁止移动。

34）高处作业人员不得蹲、站在检修平台护栏以外作业。

1.3.2　起重作业

1）起重机械必须经过特种设备检验机构检验，且《检验合格证》在有效期内方可使用。

2）起重机械和起重工具的工作负荷，不准超过铭牌规定。

3）起重机械的安全标志应清晰、醒目、无脱落。

4）起重机的齿轮、转轴、对轮等露出的转动部分，均应安设保护装置。

5）起重机械所有线路都应具有短路或接地引起的过电流保护功能。

6）起重机及起重设备上所用的电缆，应用橡胶绝缘电缆；裸线只允许作为滑行导线。

7）起重机上应备有灭火装置，驾驶室内应铺橡胶绝缘垫，严禁存放易燃物品。

8）遇有6级以上的大风时，禁止露天进行起重工作。

9）禁止利用任何管道、栏杆、脚手架（起吊架除外）悬吊重物和起吊设备。

10）任何人不准擅自登上起重机或起重机的轨道。

11）吊钩表面应光洁，有裂纹或显著变形的不准使用。

12）不准在吊钩上焊补或在受力部位钻孔。

13）吊钩应设有防脱装置，吊钩防脱装置的弹簧应状态良好，能使防脱装置抵住吊钩尖端；禁止使用防脱装置缺失、扭曲、折弯的吊钩。

14）吊钩防脱棘爪在吊钩负载时不得张开。

15）起重指挥、起重机械操作人员应经专业技术培训合格，持证上岗。

16）重大起重吊运作业应事先制订起重吊运专项安全方案。

17）起重指挥所穿、戴的工作服上衣或安全帽的颜色应与其他工作人员有明显的区别。

18）起重作业应有专人指挥，同一平面不得多人指挥，指挥人员不得从事其他工作。

19）遇有大雾、照明不足、指挥人员看不清各工作地点或起重驾驶人员看不见指挥人员时，不准进行起重工作。

20）作业过程中，起重驾驶人员对任何人发出的“紧急停止”信号都应服从。

21）初次动作、变换动作是起重驾驶人员应鸣铃或鸣号给出警示。

22）起重作业区域应拉设警戒标志，对吊物行进路线进行清场，非作业人员不得进入作业区；起重机正在吊物时，任何人不准在吊杆和吊物下停留或行走。

23）严禁在起吊重物上堆放或悬挂零星物件，起重物品必须绑牢，零星物件和材料应用吊篮或捆绑牢固，吊索不应有打结和扭劲的情况，吊钩钢丝绳应保持垂直，禁止使吊钩斜着拖吊重物。

24）在吊钩已挂上而被吊物尚未提起时，禁止起重机移动或作旋转动作。

25）起吊大的或不规则的构件时，应在构件上系以牢固的拉绳，使其不摇摆、不旋转。

26）吊物件若有棱角或特别光滑的部分，在棱角或滑面与绳子相接触处应加以包垫，防止吊索受伤或打滑。

27）起吊重物稍一离地（或支持物），应检查悬吊及捆绑情况，可靠后方准继续起吊；起吊过程中如发现绳扣不良或重物有倾倒危险，应立即停止起吊。

28）起吊重物提升的速度应均匀平稳，以免重物在空中摇晃发生危险；放下重物时速度不应太快，防止吊物落地时碰坏。

29）禁止工作人员利用吊钩来上升或下降。

30）禁止工作人员站在起吊重物上。

31）使用起重机械装卸车时，禁止司机及其他人员坐在车辆驾驶室内。

32）有重物暂时悬在空中时，严禁驾驶人员离开驾驶室或做其他工作。

33）重物应稳妥地放置在地上，防止倾倒或滚动，必要时应用绳绑住。

34）严禁在作业时，对运转部位进行调整、保养、检修工作。

35）当重物在空中需停留较长时间时，应将起升卷筒制动锁住，操作人员不得离开操作室。

36）离开驾驶室时应断开电源，锁好驾驶室门。

37）在输电线路附近作业时，当供电线路电压为 220 kV 时，起重机起重臂、吊具、辅具、钢丝绳、缆风绳和重物等，与供电线路在最大偏斜时的最小间隔距离为 6 m。

38）在输电线路附近作业时，当供电线路电压为 500 kV 时，起重机起重臂、吊具、辅具、钢丝绳、缆风绳和重物等，与供电线路在最大偏斜时的最小间隔距离为 8 m。

39）禁止使用未经验收的起吊架。

40）起吊架使用前应进行检查，检查包括：承重钢管是否发生塑性形变、扣件是否出现裂缝、螺栓是否出现松动等不安全现象。

41）如需对起吊架进行修改，应联系架子工进行修改，严禁擅自改动。

42）起吊架作业时不得将吊点设置在承重横杆以外的任何位置。

43）起吊架作业时若承重横杆发生变形情况，应立即停止作业。

1.3.3 钢管脚手架搭拆作业

1）搭拆脚手架必须由具有合格资质的专业架子工进行。

2）搭拆脚手架时作业点下方应设围栏或警戒标志，派专人看守，严禁非操作人员入内。

3）搭拆脚手架时工作人员必须戴安全帽、系安全带、穿防滑鞋，使用的工具应系手绳。

4）扣件规格应与钢管外径相同。

5）应使用镀锌扣件搭设钢管脚手架，并维持扣件良好状态。

6）非金属脚手管和跳板应经过阻燃处理并喷涂明显标记“FP”。

7）脚手管应平直，两端面应平整，不应有斜口、毛口；禁止使用弯曲、压扁、有裂缝、严重锈蚀的脚手管且脚手管上严禁打孔。

8）木脚手板：长3～6 m，宽度不应小于200 mm，厚度不应小于50 mm，距离两端80 mm处，应各设直径为4 mm的镀锌钢丝箍2～3圈（或用薄铁皮包箍）并用钉子钉牢。

9）钢脚手板用厚2 mm的钢板冲压而成：四边厚度为5 mm，宽度为230～250 mm，板面冲有梅花形布置直径25 mm的凸包或圆孔；钢脚手板不应有裂纹、开焊与硬弯。

10）严禁在管道、阀门、电缆架、仪表箱、开关箱及栏杆上搭设脚手架，且不得将脚手架和脚手板固定在建筑不十分牢固的结构上（如栏杆、管子等）。

11）拆除脚手架，必须由上而下地分层进行，不准上下层同时作业，拆下的构件

12）用绳索捆牢，不准向下抛掷。

13）爆炸风险、触电风险区域的脚手架统一使用竹木架、绝缘材质的材料；脚手架对接扣件开口应朝上或朝内。

14）脚手架各杆件端头伸出扣件盖板边缘的长度不应小于100 mm。

15）脚手架栏杆和挡脚板均应搭设在外立杆的内侧。

16）脚手架作业面应设置双护栏，上栏杆上皮高度应为1.2 m，中栏杆应居中设置，立杆搭设应完整。

17）人员通道或重要设备上方的脚手架作业面应设置踢脚板（护板），踢脚板高度不得小于180 mm。

18）当脚手板长度小于2 m时，可采用两根横向水平杆支承，但应将脚手板两端与横向水平杆可靠固定，严防倾翻。

19）脚手板的铺设应铺满、铺稳、铺实，采用对接平铺或搭接铺设；探头应用直径3.2 mm的镀锌钢丝固定在支承杆件上；脚手板对接平铺时，接头处应设两根横向水平杆，脚手板外伸长度应取130～150 mm，两块脚手板外伸长度的和不大于300 mm；脚手板搭接铺设时，接头应支在横向水平杆上，搭接长度不应小于200 mm，其伸出横向水平杆的长度不应小于100 mm。

20）脚手架必须设置纵、横向扫地杆；纵向扫地杆应采用直角扣件固定在距钢管底端不大于200 mm处的立杆上；横向扫地杆应采用直角扣件固定在紧靠纵向的扫地杆下方的立杆上。

21）使用冲压钢脚手板、木脚手板时，纵向水平杆应作为横向水平杆的支座，用直角扣件固定在立杆上；纵向水平杆应设置在立杆内侧。

22）纵向水平杆接长应采用对接或搭接，并符合：（1）两根相邻纵向水平杆的接头不应设置在同步或同跨内，不同步或不同跨两个相邻接头在水平方向错开的距离不应小于500 mm；（2）搭接长度不应小于1 m，应等间距设置3个旋转扣件固定，端部

扣件盖板边缘至搭接纵向水平杆杆端的距离不应小于 100 mm。

23）脚手架剪刀撑与单、双排脚手架横向斜撑应随立杆、纵向和横向水平杆等同步搭设，不得滞后安装。

24）脚手架立杆接长除顶层顶步外，其余各层各步接头必须采用对接扣件连接。

25）当脚手架立杆采用对接接长时，立杆的对接扣件应交错布置，两根相邻立杆的接头不应设置在同步内，同步内隔一根立杆的两个相隔接头在高度方向错开的距离不宜小于 500 mm。

26）当顶层顶步脚手架立杆采用搭接接长时，搭接长度不应小于 1 m，并应采用不少于 2 个旋转扣件固定。端部扣件盖板的边缘至杆端距离不应小于 100 mm。

27）脚手架立杆基础不在同一高度上时，必须将高处的纵向扫地杆向低处延长两跨与立杆固定，高低差不应大于 1 m。

28）连墙件中的连墙杆应呈水平设置，当不能水平设置时，应向脚手架一端下斜连接。

29）连墙件必须随脚手架逐层拆除，严禁先将连墙件整层或数层拆除后再拆脚手架。

30）脚手架应装有牢固的梯子，以便工作人员上下。

31）人员通道及扶梯处脚手架的横杆应抬高、加固，并设置警示标识，不得妨碍通行；人员通道或容易剐蹭到的脚手架，须在 2 m 以下裸露的脚手管设端塞或包裹，防止人员碰伤。

32）脚手架搭设结束后应规范填写脚手架信息牌，不得悬挂多块验收牌。

1.3.4　有限空间作业

1）进入有限空间前，需确认所有与设备相连的管线、阀门必须隔离完全，必要时增加盲板断开。

2）有限空间作业前应先通风，再测氧，后作业；其中氧气含量范围为 19.5%～21%、一氧化碳浓度应低于 24×10^{-6}、硫化氢浓度应低于 6.6×10^{-6}、氨气浓度应低于 40×10^{-6}、氯化氢浓度应低于 7.5×10^{-6}、氯气低于 0.316×10^{-6}；

3）有限空间空气中可燃性气体浓度应低于爆炸下限的 10%。油箱、油罐的检修，空气中可燃性气体的浓度应低于爆炸下限的 1%。

4）气体检测的时间不得早于作业开始前 30 min；作业中断超过 30 min，作业人员再次进入有限空间前，应当重新通风、检测合格后方可进入。

5）作业期间应佩戴气体测量仪表或不低于每 30 min 确认一次环境情况。如发现超标，应立即停止工作，迅速撤离人员。

6）强制通风时，应将通风管道延伸至有限空间底部，有效去除大于空气比重的有害气体或蒸汽，保持空气流通。

7）设置有限空间警示标识，防止未经准入人员进入。

8）用惰性气体清洗有限空间后，在准入者进入或接近前，应当再用新鲜空气通风，并持续测试有限空间的氧气含量。

9）在密闭容器内，不准同时进行电焊及气焊工作。

10）在进入有限空间作业期间，至少要安排一名监护者在有限空间外持续进行监护。

11）打开地下维护室的人孔进行工作时，必须在打开人孔周围设置固体围栏和警示标志。

12）在地下维护室和沟道内工作，禁止使用明火照明，可用 12～36 V 的行灯或蓄电池灯。

13）在有易燃易爆气体的地下维护室及沟道内工作，应使用携带式的防爆电灯或矿工用的蓄电池灯。

14）在地下维护室和沟道内使用汽油机或柴油机时，应把汽油机或柴油机的排气管接到外面，并有良好通风，否则不准使用。

15）地下维护室和沟道内的温度超过 50 ℃时，不准进入工作。在 40～50 ℃温度内工作，也应适当地轮换工作和休息。

16）在沟道或井下进行工作时，如果工作人员需要撤离，沟道、井坑、孔洞的盖板和安全设施必须恢复，或在其周围设置临时围栏并装设照明等显著标志。

17）不得在容器口的周围放置工具和物料，保持有限空间出入口畅通，防止成为撤离时的障碍。

18）气体浓度无法达标，但因抢修、抢险等紧急原因必须进入密闭场所时，必须使用防毒面具、空气呼吸器及其他涉及的个人防护用品，严禁盲目施救。

19）供气式呼吸防护用品的供气管不允许碾压。

20）容器内行灯变压器、电焊变压器、漏电保护器、电源连接器和控制箱等不得放到容器内使用。

1.3.5　电气作业

1）带电作业不得少于两人，设置作业警戒区域及监护人。严禁监护人参与作业。

2）在电气设备上作业，作业前应进行验电，确认设备为断电的情况下方可开展相关工作；验电必须用电压等级合适而且合格的验电器。

3）低压、高压电气作业应使用带电作业用绝缘手套；绝缘手套应将上衣袖口套入手套筒口内。

4）绝缘手套、绝缘靴外观应无裂口、裂缝等缺陷，使用时不要与尖锐物体接触；绝缘手套使用前应进行气密性检查，发现损坏时禁止使用。

5）在 400 V 以上的带电设备上作业，必须穿戴高压绝缘靴。

6）带电作业用绝缘手套应定期（6 个月）检验电绝缘性能，不符合规定的不能使用。

7）带电作业人员使用绝缘工具时，必须戴专用的清洁干燥的手套，不准赤手接触绝缘工具。

8）要使用有完好绝缘手柄的工具。

9）检查电气设备的插座、电线、接地等装置是否完好，电源开关外壳和电线绝缘有破损不完整或带电部分外露时，应立即找电气人员修好，否则不准使用。

10）设备拆除后，应立即对拆除处外露的带电部分进行电气安全防护。

11）对使用的梯子、脚手架等进行检查，防止金属部分接触带电体。

12）在带电作业过程中如设备突然停电，作业人员应视设备仍然带电。

13）遇雷电（听见雷声、看见闪电）、雪雹、雨雾等不得进行室外带电作业。

14）风力大于 5 级时，不宜进行室外带电作业。

15）电气设备隔离开关应上锁并挂好“有人工作，禁止合闸”标识，防止人员误合开关。

16）严禁利用额定电压 220 V 的临时照明灯具作为行灯使用。

17）应用手握持插头从插座上插、拔插头，禁止拉扯电源线拔出插头；严禁用湿手去触摸、操作电源开关、插拔电源插头以及其他电器设备。

18）作业前应检查电气设备的插座、电线和接地，不准使用破损的电源插头插座和临时电源线，临时电源应有漏电保护装置。

19）禁止使用裸露的电线插入电源插座接电。

20）电气设施严禁超负荷使用。

21）工作人员应与带电部分保持安全距离，工作人员工作中与带电设备的安全距离 10 kV 及以下 0.35 m，24 kV 安全距离 0.6 m，110 kV 安全距离 1.5 m，220 kV 安全距离 3 m，500 kV 安全距离 5 m。

22）用电人员移动、停止使用电气设备、离开工作场所、暂停作业、遇到临时停电或作业结束应立即切断电源。

23）临时电缆布线时严禁把导线打结，用铁丝捆扎悬挂，或随意将电线在地上拖拽以及不装插头直接用线头插入插座等违章作业。

24）临时电缆可以沿墙角和地面敷设，尽可能避开存在通行、急转弯、拉伸、突出或挤压等易造成电缆损伤的区域；经过通道处的临时电缆应采取警示色、过桥保护、设置围栏、架空等保护措施。

25）临时电缆不应敷设在树木上或直接绑挂在金属构架和金属脚手架上。

26）临时电缆不应接触潮湿地面或接触热源。

27）敷设临时低压电源线路，应使用绝缘导线。

28）在临近带电体作业时，应停电进行；不能停电时，应对带电体采取隔离或实体防护措施；对手持式工器具或作业产生的零散物采取防坠落措施，避免造成异物。

1.3.6 带压堵漏作业

1）带压堵漏作业应由取得带压堵漏资格证书的人员进行操作。

2）作业现场设置警示隔离区，设专人监护，禁止非工作人员进入。

3）作业现场应有足够的临时照明。

4）作业前应检查堵漏工器具在检验有效期内使用且准备好相关防护和急救用品。

5）作业人员必须穿戴防汽、水喷溅的安全防护用品，如防溅面罩等。

6）人员应尽可能避免靠近和长时间的停留在可能受到烫伤的地方，例如：汽、水、燃油管道的法兰盘、阀门附近。

7）带压堵漏现场搭制的工作平台应保证作业人员有足够的退让空间。

8）高处带压堵漏作业时，应架设安全可靠带防护围栏的操作平台和安全通道，且作业人员不准系安全带。

9）对易燃易爆介质的堵漏，不允许采用有可能引起火花的工具和操作方法。

10）工作负责人关注作业人员的健康状况，若发觉有身体状况欠佳的症状，应立即调离高温环境。高温作业人员中间休息时间不得少于15 min，休息时应脱离热环境。

11）遇有法兰盘、管道发生开裂、泄漏声音增大等异常情况，应立即停止作业，撤离到安全区域。

1.3.7 高温作业

1）作业时应采取限时轮换作业方式，以尽量减少作业人员在高温环境中的停留时间。

2）应为高温工作人员提供足够的饮水、清凉饮料及防暑药品。

3）高温环境作业场所应通风良好，必要时应采取强制性通排风。

4）在露天进行高温作业时，做好遮阳和防暑措施。

5）拆保温（70 ℃以上）作业前，工作负责人应同运行人员、堵漏检修人员一同确认拆除保温层的具体位置。

6）拆保温（70 ℃以上）作业人员必须穿戴防汽、水喷溅的安全防护用品，如隔热服、防溅面罩、隔热手套等。

7）人员应尽可能避免靠近和长时间地停留在可能受到烫伤的地方，例如，汽、水、燃油管道的法兰盘、阀门附近。

8）拆保温（70 ℃以上）工作平台应保证作业人员有足够的退让空间，作业人员不准系安全带。

9）拆保温（70 ℃以上）工作负责人关注作业人员的健康状况，若发觉有身体状况欠佳的症状，应立即调离高温环境。

10）高温作业人员中间休息时间不得少于15 min，休息时应脱离热环境。

11）拆保温（70 ℃以上）作业人员遇有法兰盘、管道发生开裂、泄漏声音增大等异常情况，应立即停止作业，撤离到安全区域。

1.3.8 冰塞作业

1）冰塞实施人员必须经过冰塞培训并取得冰塞作业授权（不包括辅助配合人员）。

2）作业前检查冰塞所需的设备是否配齐，设备检验合格，液氮、液态二氧化碳供给足够，气源管、冰塞夹具完好无破损无漏气现象。

3）实施电冰塞时应多准备一台备用电源，防止冰塞过程中电源中断。

4）冰塞操作人员应配备防冻手套，氧表（电冰塞无须）；操作人员接触冰塞夹具和气源管时必须穿戴防冻手套。

5）现场光线不足时应加临时照明。

6）作业过程中做好防人员窒息措施，现场狭小时，要增加临时通风，并防止缺氧。

7）操作人员尽量避开液氮及液态二氧化碳喷射方向，防止窒息及冻伤。

8）设置专人管理液氮或干冰。

1.3.9 涉酸涉碱作业

1）搬运和使用浓酸或强碱性药品的工作人员，应熟悉药品的性质和操作方法；并根据工作需要戴口罩、橡胶手套及防护面罩，穿橡胶围裙及长筒胶靴（裤脚应放在靴外）。

2）搬运盛装浓酸或浓碱溶液的容器时，应将容器固定，严禁溶液溅出和损坏容器，容器应由 2 人搬运，不应由一人单独搬运。

3）严禁用肩扛、背驮或抱住的方法搬运盛装浓酸或浓碱溶液的容器。

4）酸碱储存罐应使用电子液位计，当采用玻璃液位管时，应装金属防护罩。

5）在有毒、有害和腐蚀性系统设备附近工作时，应有必要的遮挡和隔绝措施，防止人员受伤和中毒。

6）加药间、酸碱区域内应有冲洗水，同时设置必要的淋浴喷头和洗眼装置。

7）进行酸碱系统检修工作时，工作人员应穿防酸碱工作服、胶鞋，戴橡胶手套、防护面罩、呼吸器等必要安全劳动保护用品。

8）耐酸碱手套使用前应检查表面是否有破损，如向手套内吹气，用手捏紧套口，观察是否漏气，漏气则不能使用；使用时应将袖口套入手套筒口内。

9）拆卸酸碱等强腐蚀性设备时，必须先泄掉设备内部压力，防止酸碱喷出伤人；当有酸碱液体流出时，应立即用大量清水冲洗稀释。

10）酸系统发生泄漏缺陷需进行检修时，如需动火作业，应先在动火区域或设备内部检测氢气浓度，防止因氢气聚集发生燃烧和爆炸。

11）酸碱系统投运前，应先检查阀门状态是否正确，防止系统超压造成酸碱泄漏。

12）泄漏的酸碱必须回收至废水处理系统，严禁直接外排以免造成环境污染。

13）作业人员应熟悉酸、碱工作场所附近冲洗设施位置，并检查可用性。

14）当酸碱溅到眼睛内或皮肤上时，应迅速用大量的清水冲洗后就医。

15）酸、碱大量泄漏，人员迅速撤离泄漏污染区，并进行隔离处置。

1.3.10 油漆防腐作业

1）油漆作业、防水涂层作业、高空外墙粉刷人员均应经过操作培训和安全培训。

2）作业人员应了解作业过程中所使用材料的危害和防范措施。

3）高处作业以及在有限空间内进行油漆作业、防水涂层作业应制定应急预案。

4）油漆防腐作业使用的安全工器具、特殊劳保用品应经检验合格后使用。

5）油漆与粉刷作业应制定安全操作规程。

6）对产生有害蒸气、气体和粉尘的场所或部位应保证通风良好，作业人员应配备防护用品。

7）油漆工应穿防静电工作服。

8）在危险化学品的容器上，应贴上安全标签。标签上应标明化学品的名称、危险标识、危害以及安全预防措施等资料。

9）涂漆施工场地要有良好的通风，如在通风条件不好的环境涂漆时，应安装通风设备。

10）涂刷溶剂型耐酸、耐腐蚀、防水涂料或使用其他有毒涂料时，应戴防毒口罩。

11）使用机械除锈工具（如钢丝刷、粗挫、风动或电动除锈工具）清除锈层、旧漆膜以及用砂纸打磨基层时应戴防尘口罩。

12）现场油漆等物品要摆放整齐，并有消防措施。

13）油漆施工要有防污染措施，严禁污染地面、墙面，及其他设备、设施。

14）狭小房间大面积刷漆可能导致人员中毒，需要佩戴防毒面具或器材，现场实施强制通风并检测。

1.3.11　水上作业

1）水上作业平台上需配备救生设备，如救生圈、救生绳等。

2）遇有6级以上强风、浓雾等恶劣天气，不得进行水上作业。

3）水上作业平台上所用的物料，均应堆放平稳，不妨碍通行和装卸，拆卸下的物件及余料和废料均应及时清理运走。

4）水上作业时，作业人员应采取防止坠落、溺水等安全措施，如设置安全围栏，备救生圈，穿救生衣、防滑鞋，系安全带等。

5）作业人员的个人防护用品，使用的材料、工器具等应采取防止落入水中的措施。

6）船只靠岸后应搭设跳板、扶手或安全护网，经踏试稳定牢固，方可上下人或装卸物品。

7）牵引或旁侧拖带作业船只时，严禁超载、超负荷，船体连接时必须稳定牢固，

8）牵引或拖带用的钢丝绳必须连接牢固。

1.3.12　人力搬运作业

1）搬运重物之前，检查物体上是否有钉、尖片等物，擦拭物体表面的脏物、油污、水渍等，使其保持清洁。

2）物品搬运作业应使用防护手套。

3）尽量使用专用搬运工具来取代人工搬运。

4）搬运前应清理、检查搬运通道，通道应保持平坦、通畅，无障碍物。

5）单人搬运时，搬运重量不宜超过 20 kg。

6）单人不得搬运 6 m 以上脚手管或其他长形物件。

7）搬运管子、工字铁梁等长形物件，应注意防止物件甩动，勿打伤附近的人员或设备。

8）2 人以上抬运重物时，必须同一顺肩，换肩时重物必须放下。

9）多人共同搬运、抬运或装卸较大的重物时，应有 1 人担任指挥，搬运的步调应一致，前后扛应同肩，必要时还应有专人在旁监护。

10）搬运者视线应通畅，如果视线受阻，应由另外一人指引路线。

11）禁止肩荷重物登上移动式梯子或软梯。

12）容易破碎的物品必须放在适当的筐、篮或架子上搬运。

13）用管子滚动搬运时，应由专人负责指挥，管子应能承受重压，直径相同管子承受重物后两端各露出约 30 cm，以便调节转变。

14）用管子滚动搬运时，放置管子应在重物移动的前方，并应有一定距离。移动中需要增加滚杠时，必须停止移动。在移动中需要调正方向时，应用锤击，禁止用手去拿受压的管子，以防压伤手指。

15）手动液压搬运车在装载时严禁超载。

16）禁止使用两台及以上手动液压车辆同时抬运同一物品。

17）严禁在倾斜的斜坡上操作手动液压搬运车。

18）手动液压搬运车严禁载人，在物品搬运过程中周边不得有人。

19）手动液压车运载物品时，负荷应均衡，不得偏斜，物品的一面应贴靠挡物架。

20）卸车人员打开车门前，应先检查车厢货物情况，防止车门开启后货物突然掉落伤人。

21）装卸车人员上下车时，应抓牢抓稳车辆扶手或扶梯，确保安全上下车。

22）装卸各种材料时，车上人员禁止在车上尤其是滚动的材料上来回走动。

23）装载轮式机具和圆形物件装运时应采取防止滚动的措施。

1.3.13 表面污染隔离区内作业

1）进入污染隔离区的人员应正确使用表面污染防护用品。

2）预计可能会产生大量液体的检修现场，需采取疏水措施和残留水处理措施。

3）无污染的工器具、设备带入污染隔离区需做好包裹，带出时拆除外包装并进行污染测量。

4）存在污染的工器具、设备带出污染隔离区需做好防护，防止污染扩散。

5）不得将附加防护用品穿到污染隔离区外，人员离开污染隔离区时，需按次序脱除附加防护用品。

6）放射性废物应正确投放和分类收集，粘尘垫须及时更换。

7）人员离开污染隔离区后须对全身进行表面污染测量，先测量手部，确认无污染后再测量身体其他部位。

8）污染隔离区拆除后，对场地污染普查合格后方可拆除隔离区边界。

1.3.14 空气污染隔离区内作业

1）为防止空气污染扩散，存在或可能发生放射性空气污染的场所须建立负压工作棚（SAS 棚）。

2）负压工作棚须具有明确的隔离边界和警示标志，入口处布置污染隔离门槛、污染粘尘垫、废物收集袋、防护用品等。

3）负压棚支架须牢固可靠并加装塑料门帘，使其完全盖住负压棚入口。

4）负压棚须密封完整并加装空气净化机；空气净化机投运后，检查电机转向、空气压差、SAS 棚负压是否满足要求。

5）负压棚搭设完毕后须进行验收，确认合格后挂设标示牌。

6）工作期间须定期检查负压棚的负压和密封性，发现负压不足或密封性不严时须及时处理。

7）定期检查空气净化机滤芯前后压差和接触剂量率，压差不满足要求或剂量率水平较高时须及时更换。

8）空气净化机运行期间防止细碎塑料布、碎纸屑和残渣被风机吸入风管，造成过滤器堵塞，影响过滤效果。

9）尽量避免在湿度较高的环境使用空气净化机，以免降低过滤器的使用寿命和过滤效率。

10）负压棚拆除后须将风管口封闭，避免污染扩散。

11）人员进入负压棚时须根据现场工作条件和空气污染水平正确使用附加辐射防护用品，脱除时按要求分类收集。

1.3.15 放射性物品存放、运输作业

1）放射性物品须存放在辐射控制区或临时辐射控制区。

2）存在表面污染的放射性物品须存放在表面污染隔离区；包装严密、外表面无污染的放射性物品可存放在污染隔离区外，但存放区域须使用辐射隔离带进行隔离。

3）放射性物品存放区域须张贴信息标识，相关信息发生变化时须及时更新。

4）放射性物品不得存放在人员通道、辐射监测仪表周围。

5）放射性物品和非放射性物品须分开存放，防止交叉污染。

6）剂量率较高的放射性物品可采取屏蔽措施或扩大隔离范围。

7）定期检查测量放射性物品及相关区域的辐射水平，以便及时发现异常。

8）运输前保证放射性物品的包装材料结实可靠、不易破损，尽量使用专用容器（如

集装箱）盛装运输。

9）使用专车运输，货包装车后对容器进行封闭或上锁，运输中途不得打开包装。

10）运输前须按要求对货包进行登记，并张贴相应信息标识，放射性物品离厂时，还须出具监测证明。

11）参与运输的人员（运输车司机、押运人员）均应佩戴个人剂量计。

12）运输期间安排专人全程押运。

13）货包到达目的地后先确认包装完整性，后核对物品数量。

14）放射性物品的辐射水平应满足 GB 11806—2004《放射性物质安全运输规程》及核电站规定限值。

15）厂外放射性货包进入核电站厂区后，应核实相关文件信息，验证货包辐射水平满足 GB 11806—2004《放射性物质安全运输规程》的要求。对于可能发生污染和已经污染的区域应建立污染隔离区。

1.3.16　射线探伤作业

1）探伤前办理射线探伤许可（包括时间窗口、探伤地点、隔离图、探伤源信息、受影响的辐射监测仪表等）。

2）探伤作业人员应佩戴符合审管部门要求的个人剂量计、剂量报警仪，工作组配备便携式剂量率监测仪。

3）探伤装置领用前进行辐射水平测量，确认放射源在源容器内，工作完毕交还时，再次进行测量确认，装置的领用和交还都应有详细的登记。

4）探伤装置移动时应使用小型车辆或手推车，使照射装置处于人员监视之下。

5）探伤作业至少配备两名取得探伤资质的操作人员，探伤前检查探伤装置安全探伤前按隔离图设立探伤隔离区域，隔离区边界尽可能设定实体屏障，包括利用现有结构（如墙体）、临时屏障或临时警戒线（绳）等，边界上悬挂清晰可见的警告牌和声光报警装置，对人员容易闯入的边界设专人看守。

6）探伤前对隔离区进行清场（采用广播、扩音器等），对隔离区内各房间逐一检查，确保无人员滞留。

7）探伤作业应尽量使用合适的准直器并充分考虑探伤机和被检物体的距离、照射方向、时间和现场屏蔽等条件。

8）探伤开始后加强对探伤区域边界的巡测，确认边界处剂量率低于限值，若不满足应调整隔离区边界范围。

9）现场探伤的每台探伤机应至少配备一台便携式测量仪，探伤前应检查确认仪表正常工作，探伤期间测量仪应一直处于开机状态。为避免探伤人员受到意外照射，探伤机工作时应确认人员作业位置辐射水平可接受；探伤机停止工作时应测量工作位置的辐射水平，确认探伤机已停止工作。

10）工作结束后，探伤人员应使用仪表对探伤机进行检查，确认放射源回到源容器的屏蔽位置。

1.3.17　放射源与射线装置使用及运输作业

1）使用放射源与射线装置时应至少两人操作，其中一人作为监护，一人作为操作人员。

2）使用放射源与射线装置时（仪表刻度、标定、碘吸附器实验、射线探伤等），应对工作场所进行隔离，出入口悬挂电离辐射警示标识。

3）使用放射源时必须严格按照操作程序小心谨慎，有序操作，不得使源划伤、损伤、污染。

4）使用放射源前必须通过放射源保管人员办理登记手续，并核实所使用的放射源标号，检查放射源是否有损伤。

5）放射源使用完毕后，要立即归还给放射源保管员，并办理归还手续。

6）射线装置的维护至少一年进行一次。

7）不使用的射线装置必须进行封存，封存后可以不进行维护等工作。但在启用前必须对其相关参数进行测量、试验，并恢复维护等工作。

8）运输或携带放射源不得乘坐巡回班车，须由放射源使用处室单独向电站车队申请车辆。

9）放射源运输负责人负责运输工作的准备，包括：运输人员的配备、运输工具的准备、计划运输路线等工作。

10）工作人员运输/携带放射源进出双围墙时，必须将运输放射源的有效证明交保卫人员确认，同时通知辐射防护现场值班人员。

1.3.18　高辐射风险作业

1）进入高辐射风险区域作业前办理高辐射风险区域进入许可，根据工作内容和辐射水平预估人员剂量、制定允许工作时间，工作期间严格落实。

2）进入高辐射风险区域作业前应组织召开工前会，工作人员应清楚工作区域的辐射水平和危险性质。

3）进入高辐射风险区域作业前应按照辐射工作许可证要求携辐射监测仪表，佩戴能够预设剂量和剂量率报警的个人剂量计，携带合适的通信装备以保证人员交流畅通。

4）高辐射风险区域作业开工前须清楚工作区域的辐射水平，确认无辐射异常后方可开始工作。

5）对于辐射水平过高、人员在允许工作时间内无法完成工作的区域，不得冒险进入，必要时制订专项实施方案。

6）工作期间，出现人员受照剂量超过允许值、工作时间达到允许时间、辐射水平明显超过预估值情况时人员须停止工作，及时撤到安全区域。

7）工作期间安排专人看守边界，防止人员误闯入。

8）工作结束，人员退出高辐射风险区域后，及时恢复区域入口的上锁或隔离并组织召开工后会进行经验总结。

1.3.19 动火作业

1）动火作业应使用防火布搭设严密的防火棚防火围护结构，不得使用塑料布搭设，如果使用塑料布搭设（如 SAS 棚），必须在内层衬以防火布。围护结构搭设应尽量封闭，尤其在上下贯通的区域，动火作业下方必须铺设防火布，防止焊渣、火花飞溅到围护结构以外。

2）动火作业前必须清除围护结构内及作业区域附近的可燃物，周围难以移动的可燃物，应采取防护措施。动火点附近或下方如有孔洞、窨井、地沟、水封等应进行风险排查分析，并根据现场的具体情况采取相应的安全防火措施，以防火花溅落引起火灾爆炸事故。

3）动火作业前必须指定监火人。监火人须履行监火职责，不得从事与监火职责无关的事情。非辐射控制区监火人必须穿戴监火人荧光背心，同一时间只能监督一处动火点。监火时，应围绕围护结构四周巡视，观察是否存在异常情况。

4）动火作业须就近配置灭火器。配置前应注意查看灭火器状态，使用压力正常的灭火器防护。

5）易燃易爆场所危险区域的管道、容器、塔罐等生产设施上动火作业时，必须将其与生产系统彻底隔离，并进行清洗置换，取样分析、检测合格后方可动火作业。

6）禁止超期或超范围动火。

7）使用防火安全罐携带可燃易燃液体（有特殊要求除外）。

8）使用焊渣盘或防火布做好铺垫，防止火花落下。

9）作业前通知消防监督科检查防火措施。

10）动火作业与使用可燃液体/易燃液体的作业不得同时进行。

11）使用接渣盘或防火布做好铺垫，防止火花落下。

12）风力达 5 级以上禁止露天动火作业。

13）现场携带、使用易燃可燃液体，必须使用防火安全罐盛装。有特殊要求的易燃可燃液体除外，如对纯度有特殊要求的易燃可燃液体、与镀锌钢接触会发生物理化学变化的易燃可燃液体等。防火安全罐采用色标区分盛装易燃可燃液体，闪点低于 27 ℃的易燃液体使用红色安全罐盛装，闪点高于 27 ℃低于 60 ℃的可燃液体使用黄色安全罐盛装，闪点高于 60 ℃的可燃液体使用蓝色安全罐盛装。

14）作业前，通知系统运行人员打开通风系统或作业班组设置移动式排风机（防爆型）。

15）作业前及作业中，工作负责人实时检测氢气/可燃、易燃气体浓度（不超过爆炸下限 25%）。

16）氢气系统动火检修，应保证系统内部和动火区域的氢气体积分数最高含量不超过 0.4%。

1.3.20　应急救援

1）高处坠落、物体打击伤害：受伤人员出现休克或呼吸心跳停止状况，应进行心肺复苏（除非伤员出现自主呼吸心跳）直至医务人员达到现场，若伤口有异物不要取出；出现肢体骨折时，应尽量保持受伤的体位，由现场医务人员对伤肢进行固定，并在其指导下采用正确的方式进行搬运，防止因救助方法不当导致伤情进一步加重。

2）触电伤害：采取正确的方法使人立即脱离电源（拉开电源开关或刀闸，拔除电源插头；使用绝缘工具、木板、绳索等不导电的东西解脱触电者；抓住触电者干燥而不贴身的衣服，将其拖开，切记要避免碰到金属物体和触电者的裸露身躯）；伤员神志清醒，应就地平卧，不要站立或走动，防止继发性休克或心衰；呼吸、心跳停止者立即进行心肺复苏术。

3）烫伤：立即剪开衣袖、裤袜，然后将湿衣服、裤袜脱去，肢体应浸于冷水中以减轻疼痛，减轻创面以下部位的损伤。

4）化学烧伤：脱去被化学物质浸渍的衣服，并立即迅速地用大量清水冲洗创面。

5）中毒：立即将患者搬离中毒环境，尽快将其移至上风向或空气新鲜的场所，保持呼吸道通畅。若患者衣服、皮肤已被毒物污染，为防止毒物经皮吸收，需脱去污染的衣物，用清水彻底冲洗污染处皮肤（冬天宜用温水），如果呼吸、心跳停止，应立即进行心肺复苏。

6）中暑：应立即脱离高温作业环境，转到阴凉通风处，或空调房内休息，解衣平卧，用温毛巾置于额部，可口服含盐凉开水、矿泉水等。

7）防止化学性泄漏物质扩散，用砂土等筑堤堵截泄漏液体或者引流到安全地点，然后把泄漏出的物料抽入槽车内。当泄漏量小时，可用沙子、吸附材料、中和材料等吸收中和。

1.4　设备设施安全要求

1.4.1　安全标志

1）禁止标志、警告标志、指令标志、提示标志的基本形式分别是带斜杠的圆边框、正三角形边框、圆形边框、正方形边框。

2）文字辅助标志的基本形式是矩形边框；有横写和竖写两种形式。

3）文字辅助标志横写时，写在标志的下方，可以和标志连在一起，也可以分开；禁止标志、指令标志为白色字，警告标志为黑色字；禁止标志、指令标志衬底色为标志的颜色，警告标志衬底色为白色。

4）文字辅助标志竖写时，文字辅助标志写在标志杆的上部；禁止标志、警告标志、指令标志、提示标志均为白色衬底，黑色字；标志杆下部色带的颜色应和标志的颜色相一致。

5）安全标志牌要有衬边。除警告标志边框用黄色勾边外，其余全部用白色将边框勾一窄边，即为安全标志的衬边。

6）安全标志牌应采用坚固耐用的材料制作，一般不宜使用遇水变形、变质或易燃的材料。有触电危险的作业场所应使用绝缘材料。

7）标志牌应图形清楚，无毛刺、孔洞和影响使用的任何疵病；标志牌设置的高度，应尽量与人眼的视线高度相一致。悬挂式和柱式的环境信息标志牌的下缘距地面的高度不宜小于 2 m。

8）安全标志牌至少每半年检查一次，如发现有破损、变形、褪色等不符合要求时应及时修整或更换。

9）标志牌应设在与安全有关的醒目地方，并使大家看见后，有足够的时间来注意它所表示的内容。环境信息标志宜设在有关场所的入口处和醒目处。

10）标志牌不应设在门、窗、架等可移动的物体上，以免标志牌随物体相应移动，影响认读。标志牌前不得放置妨碍认读的障碍物。

11）标志牌应设置在明亮的环境中。多个标志牌在一起设置时，应按警告、禁止、指令、提示类型的顺序，先左后右、先上后下地排列。

12）标志牌的固定方式分附着式、悬挂式和柱式三种。附着式和悬挂式的固定应稳固不倾斜，柱式的标志牌和支架应牢固地连接在一起。

13）固定物项存放点无标识。

1.4.2 钢直梯

1）应对钢直梯进行防锈及防腐涂装。

2）对前向进出式梯子，顶端踏棍上表面应与到达平台或屋面平齐。

3）钢平台爬梯处应设置防坠链条，并维持良好状态。

4）侧向进出式梯子中心线至平台或屋面距离应为 380～500 mm。梯梁外侧与平台或屋面之间距离应为 180～300 mm。

5）单段梯高宜不大于 10 m，攀登高度大于 10 m 时宜采用多段梯，梯段水平交错布置，并设梯间平台，平台的垂直间距宜为 6 m。

6）单梯段高度大于 7 m 时，应设置安全护笼。

7）当护笼用于多段梯时，每个梯段应与相邻的梯段水平交错并有足够的间距，设有适当空间的安全进、出引导平台，以保护使用者的安全。

8）梯子下端的第一级踏棍距基准面距离应不大于 450 mm。

9）梯梁的表面形状应使其在整个攀登高度上能为使用者提供一致的平滑手握表面，不应采用不便于手握紧的不规则形状截面（如大角钢、工字钢梁等）的梯梁。

10）护笼宜采用圆形结构，应包括一组水平笼箍和至少 5 根立杆。水平笼箍采用不小于 50 mm×6 mm 的扁钢，立杆采用不小于 40 mm×5 mm 的扁钢。水平笼箍应固定到梯梁上，立杆应在水平笼箍内侧并间距相等，与其牢固连接。

11）护笼内侧深度由踏棍中心线起应不小于 650 mm，不大于 800 mm，圆形护笼的直径应为650～800 mm，其他形式的护笼内侧宽度应不小于650 mm，不大于800 mm。

12）水平笼箍垂直间距应不大于 1 500 mm，立杆间距应不大于 300 mm，均匀分布。

13）护笼底部距梯段下端基准面应不小于 2 100 mm，不大于 3 000 mm。

1.4.3　钢斜梯

1）单梯段的梯高应不大于 6 m，梯级数宜不大于 16。

2）踏板的前后深度应不小于 80 mm。

3）相邻两踏板的前后方向重叠应不小于 10 mm，不大于 35 mm。

4）在同一梯段所有踏板间距应相同，同一梯段踏板间距宜为 225～255 mm。

5）顶部踏板的上表面应与平台平面一致，踏板与平台间应无空隙。

6）踏板应采用防滑材料或至少有不小于 25 mm 宽的防滑突缘。

7）踏板应采用厚度不小于 4 mm 的花纹钢板，或经防滑处理的普通钢板，或采用由 25 mm×4 mm 扁钢和小角钢组焊成的格板或其他等效的结构。

8）梯子扶手中心线应与梯子的倾角线平行。

9）梯子封闭边扶手的高度由踏板突缘上表面到扶手的上表面垂直测量应不小于 860 mm，不大于 960 mm。

10）扶手应沿着其整个长度方向上连续可抓握。

1.4.4　护栏及钢平台

1）距下方相邻地板或地面 1.2 m 及以上的平台、通道或工作面的所有敞开边缘应设置防护栏杆。

2）在平台、通道或工作面上可能使用工具、机器部件或物品的场合，应在所有敞开边缘设置带踢脚板的防护栏杆。

3）在危险设备上方或附近的平台、通道或工作面的敞开边缘、均应设置带踢脚板的防护栏杆。

4）当平台设有满足踢脚板功能及强度要求的其他结构边沿时，防护栏杆可不设踢脚板。

5）防护栏杆应确保所有构件及其连接部分表面光滑，无锐边、尖角、毛刺或妨碍人员通过的外部缺陷。

6）防护栏杆及钢平台安装后应对其进行防锈防腐蚀涂装。

7）当平台、通道及作业场所距基准面高度小于 2 m 时，防护栏杆高度应不低于 900 mm。

8）在距基准面高度大于等于 2 m 并小于 20 m 的平台、通道及作业场所的防护栏杆高度应不低于 1 050 mm。

9）在距基准面高度不小于 20 m 的平台、通道及作业场所的防护栏杆高度应不低于 1 200 mm。

10）钢管扶手外径应不小于 30 mm，不大于 50 mm。

11）扶手后应有不小于 75 mm 的净空间，以便于手握。

12）在扶手和踢脚板之间应至少设置一道中间栏杆。

13）中间栏杆宜采用不小于 25 mm×4 mm 扁钢或直径 16 mm 的圆钢。

14）中间栏杆与上、下方构件的空隙间距应不大于 500 mm。

15）防护栏杆立柱间距应不大于 1 000 mm。

16）防护栏杆立柱宜采用不小于 50 mm×50 mm×4 mm 角钢或外径 30～50 mm 钢管。

17）踢脚板顶部在平台地面之上高度应不小于 100 mm，其底部距地面应不大于 10 mm。

18）踢脚板宜采用不小于 100 mm×2 mm 的钢板制造。

19）整个平台区域内应能承受不小于 3 kN/m^2 均匀分布活载荷。

20）平台地板在设计载荷下的挠曲变形应不大于 10 mm 或跨度的 1/200，两者取小值。

21）安装后的防护栏杆及钢平台不应有歪斜、扭曲、变形及其他缺陷。

22）通行平台的无障碍宽度应不小于 750 mm，单人偶尔通行的平台宽度可适当减小，但应不小于 450 mm。

23）梯间平台（休息平台）的宽度应不小于梯子的宽度，且对直梯应不小于 700 mm，斜梯应不小于 760 mm，两者取较大值。梯间平台（休息平台）在行进方向的长度应不小于梯子的宽度，且对直梯应不小于 700 mm，斜梯应不小于 850 mm，两者取较大值。

24）平台地面到上方障碍物的垂直距离不应小于 2 000 mm。对于仅限单人偶尔使用的钢平台，上方障碍物的垂直距离可适当减小，但应不小于 1 900 mm。

25）平台应安装在牢固可靠的支撑结构上，并与其刚性连接；梯间平台（休息平台）不应悬挂在梯段上。

26）平台地板宜采用不小于 4 mm 厚的花纹钢板或经防滑处理的钢板铺装，相邻钢板不应搭接。相邻钢板上表面的高度差应不大于 4 mm。

1.4.5 孔洞

1）当非垂直洞口短边尺寸为 25～500 mm 时，应采用承载力满足使用要求的盖板覆盖，盖板四周搁置应均衡，且应防止盖板移位。

2）当垂直洞口短边边长大于或等于 500 mm 时，应在临空一侧设置高度不小于 1.2 m 的防护栏杆，设置挡脚板。

3）当非垂直洞口短边边长为500～1 500 mm时，应采用专项设计盖板覆盖，并应采取固定措施。

4）当非垂直洞口短边边长大于或等于1 500 mm时，应在洞口作业侧设置高度不小于1.2 m的防护栏杆，设置挡脚板。

5）洞口盖板应能承受不小于1.1 kN/m^2的荷载，盖板应有明显的允许荷载标志。

1.4.6　锅炉

1）每台锅炉至少装设两个安全阀。

2）安全阀铅直安装，并装在锅筒的最高位置。

3）安全阀装设排气管，排气管直通安全地点，保证排气畅通，排气管应予以固定，排气管上不允许装设阀门。

4）锅炉的安全阀应每年至少检验一次。校验后加铅封，严禁用加重物、移动重锤、将阀芯卡死手段任意提高安全阀始启压力或使安全阀失效。

5）每台蒸汽锅炉至少装两个水位表，并均可正常使用。

6）水位表装在便于观察的地方，并有足够的照明。

7）水位表距离操作地面高出6 m时，应加装远程水位显示装置。同时直读式水位表必须保证正常使用。

8）水位表应有指示最高、最低安全水假发和正常水假发的明显标志（红杠）。水位表的下部可见边缘比最低安全水位至少低 25 mm，上部可见边缘比最高安全水位至少高25 mm，正常水全在水位表中间。

9）水位表应有放水阀门，并有接到安全地点的放水管。

10）水位表与锅筒之间的汽水连接管上应装有阀门，锅炉运行时阀门必须处于全开位置。

11）蒸汽锅炉压力表必须与锅筒蒸汽空间直接相连。

12）压力表应定期进行检验，校验后应加铅封并注明下次校验日期，不允许超期使用。刻度盘上画红线指示出最高工作压力。

13）排污阀、给水截止阀及其他管道、阀门应无跑、冒、滴、漏。

14）炉体应无松动、腐蚀、变形；烟、风、汽、水管道、阀门应无泄漏。

15）锅炉运行中，安全阀需要定期进行手动排放试验，锅炉停止使用后又重新启用时，安全阀也需要进行手动排放实验。

16）锅炉应无冒烟现象，温度、压力仪表应完好、可靠。

1.4.7　电梯

1）机房通道应当设置永久性电气照明。

2）机房通道门的宽度应当不小于0.60 m，高度应当不小于1.80 m，并且门不得向房内开启。

3）机房通道门应当装有带钥匙的锁，并且可以从机房内不用钥匙打开。

4）机房通道门外侧应当标明“机房重地，闲人免进”，或者有其他类似警示标志。

5）机房（机器设备间）应当专用，不得用于电梯以外的其他用途。

6）对运动部件进行维修和检查以及人工紧急操作的地方有一块不小于 0.50 m×0.60 m 的水平净空面积，其净高度不小于 2 m。

7）机房地面高度不同并且相差大于 0.5 m 时，应当设置楼梯或者台阶，并且设置护栏。

8）机房应当设置永久性电气照明；在机房内靠近入口（或多个入口）处的适当高度应当设一个开关，控制机房照明。

9）应当在主开关旁设置控制井道照明、轿厢照明和插座电路电源的开关。

10）主开关不得切断轿厢照明和通风、机房（机器设备间）照明和电源插座、轿顶与底坑的电源插座、电梯井道照明、报警装置的供电电路。

11）手动紧急操作装置：松闸扳手涂成红色，盘车手轮是无辐条的并且涂成黄色，可拆卸盘车手轮放置在机房内容易接近的明显部位。

12）紧急电动运行装置：依靠持续揿压按钮来控制轿厢运行，此按钮有防止误操作的保护，按钮上或其近旁标出相应的运行方向。

13）限速器上应当设有铭牌，标明制造单位名称、型号、规格参数和形式试验机构标识，铭牌和形式试验合格证、调试证书内容应当相符。

14）轿厢上行超速保护装置上应当设有铭牌，标明制造单位名称、型号、规格参数和形式试验机构标识，铭牌和形式试验合格证内容应当相符。

15）轿厢铭牌：轿厢内应当设置铭牌，标明额定载重量及乘客人数（载货电梯只标载重量）、制造厂名称或商标。

16）轿厢内应急照明：正常照明电源中断时，能够自动接通紧急照明电源。

17）轿厢内紧急报警装置：紧急报警装置采用对讲系统以便与救援服务持续联系。

18）轿厢内载荷超过额定载重量时，轿内有音响或者发光信号提示。

19）轿厢地坎与层门地坎的水平距离不得大于 35 mm。

1.4.8 安全阀

1）安全阀安装在设备或管道上应竖直安装。

2）安全阀的出口管道直径不应小于安全阀的出口直径，安全阀的出口管道接向安全地点。

3）安全阀定期校验，一般每年至少一次。

4）安全阀校验周期的延长应有延期校验的批准文件。

5）安全阀检验设备应配有一定容积的储气罐，储气罐的容积应当与校验安全阀的用气量相适应，应当不小于 1 m^3。

6）经检验合格的安全阀，需要及时重新铅封，防止调整后的状态发生改变，铅封处一面为校验单位的代号标识，另一面为校验人员的代号标识。

7）经检验合格的安全阀铅封处必须挂有标牌，标牌上有校验机构名称及代号，校验编号，安全的设备编号，整定压力和下次校验日期。

8）校验合格的安全阀需要根据校验记录出具安全阀校验报告。

1.4.9　气体储罐

1）压力容器的本体、接口（阀门、管路）部位、焊接（黏结）接头等应无裂纹、过热、变形、泄漏、机械接触损伤等。

2）外表面应无腐蚀，无异常结霜、结露等。

3）压力容器与相邻管道或者构件应无异常振动、响声或者相互摩擦。

4）支承或者支座应无损坏，基础应无下沉、倾斜、开裂，紧固件应齐全、完好。

5）排放（疏水、排污）装置应完好。

6）运行期间应无超压、超温、超量等现象。

7）罐体有接地装置的，确保接地装置完好有效。

8）使用单位应当建立巡检制度，并对压力容器本体及其安全附件、装卸附件、安全保护装置、测量调控装置、附属仪器仪表进行经常性维护保养。

9）使用单位每月对所使用的压力容器至少进行1次月度检查，并且记录检查情况。

10）使用单位每年对所使用的压力容器至少进行1次年度检查。

11）装卸作业时，压力容器与装卸管道或装卸软管应可靠连接。

12）装卸作业时，有防止装卸管道或装卸软管拉脱的联锁保护装置。

13）压力容器内部有压力时，不得进行任何修理。

14）应有压力容器应急专项预案和演练记录。

15）压力容器安全阀应在检验有效期内使用。

1.4.10　储氢罐

1）氢气罐应为独立的建筑物，应设置不燃烧体的实体围墙，围墙高度不低于2 m。

2）氢气使用区域应通风良好。保证空气中氢气最高含量不超过1%（体积）。

3）氢气罐的防雷装置应每年检测一次并建立设备档案。

4）氢气罐地面应做到平整、耐磨、不发火花。

5）作业人员上岗时应穿阻燃、防静电工作服和防静电鞋。

6）作业时应使用不产生火花的工具。

7）氢气存储容器应设有安全泄压装置，如安全阀等。

8）氢气存储容器顶部最高点宜设氢气排放管。

9）氢气存储容器应设压力监测仪表。

10）氢气存储容器应设惰性气体吹扫置换接口。

11）氢气存储容器底部最低点宜设排污口。

12）氢气罐应安装放空阀、压力表；压力表每半年校验一次，确保可靠。

13）氢气罐放空阀、安全阀和置换排放管道系统均应设排放管，并应连接装有阻火器或有蒸汽稀释、氮气密封、末端设置火炬燃烧的总排放管。

14）氢气罐静电接地设施应定期检查、维修，并建立设备档案。

15）储氢罐上应涂以白色。

1.5 场所安全要求

1.5.1 厂房构筑物

1）厂房等主要建筑物、构筑物必须定期进行检查，结构应无倾斜、裂纹、风化、下塌、腐蚀等现象，门窗及锁扣应完整，附着物固定牢固。

2）各种材料要分类存放、堆放整齐、防止坍塌、倾倒。

3）室内外的通道应随时保持畅通，不准放置杂物。

4）主控制室、重要表计、主要楼梯、通道等地点，必须设有事故照明。

5）楼梯、平台、通道、栏杆都应保持完整，孔洞盖板必须铺设牢固，盖板表面应有纹路以防滑跌。

6）楼梯的始末级应有明显的安全警示。

7）过道中存在高度低于 2 m 的物件时，必须设置明显的警告标志。

8）电缆沟应保持清洁，不积粉尘，不积水。

9）地面有油、水、泥污等，必须及时清除，以防滑跌。

10）工作场所的井、坑、孔、洞或沟道，必须覆以与地面齐平的坚固盖板。如将盖板取下，必须设有牢固的临时围栏，并设有明显的警告标志。

11）楼梯、平台应装设栏杆和踢脚板。

12）钢平台、盖板应有明显的允许荷载标志。

13）管道、容器等设备上的保温层应保证完整。

14）油管道法兰、阀门及轴承、调速系统等应保持严密不漏油，如有漏油应及时消除，严禁漏油渗透至下部蒸汽管、阀保温层。

15）应根据生产场所、设备、设施可能产生的危险、有害因素的不同，分别设置明显的安全警示标志。

16）酸碱房间法兰处应增加法兰护套。

17）所有电气设备的金属外壳应有良好的接地装置。

18）所有电气设备的电缆保护套管无破损，并维持良好状态。

19）任何电气设备上的标示牌，除原来放置人员或负责的运行值班人员外，其他任何人员不准移动。

20）洗眼器附近应无杂物堆积、管线无腐蚀生锈、装有防尘盖、表面清洁无沾染、开关操作顺畅、水质清澈无味道无杂质、喷头水幕均匀无偏向。

21）变压器室、配电室、电容器室等房间应设置防止雨、雪及蛇、鼠等小动物从采光窗、通风窗、门、电缆沟等处进入室内的设施，如挡鼠板等。

22）消防设施和防护装备应定期检查和试验，保证随时可用。

23）严禁将消防工具移作他用。

24）严禁放置杂物妨碍消防设施、工具的使用。

25）电缆在进入控制室、电缆夹层、控制柜、开关柜等处的电缆孔洞，必须用防火材料严密封闭。

26）电加热器 1 m 范围内禁止存放物料。

27）厂区各照明设施应状态良好。

28）枕木、托盘等木质衬垫类可燃物必须经过阻燃处理并喷涂明显标记“FP”。

29）禁止超期或超范围存放。

30）机器的转动部分必须装有防护罩或其他防护设备（如栅栏），露出的轴端必须设有护盖。

1.5.2 化学实验室

1）化验人员应穿工作服（如白大褂、工装等），必要时应穿橡胶围裙和橡胶靴。

2）化验室应有自来水，通风设备，消防器材，急救箱，急救酸、碱伤害使用的洗眼器以及毛巾、肥皂等物品。

3）试管加热时不应将试管口朝向自己或别人，刚加热过的玻璃仪器不应接触皮肤及冷水。

4）装有药品的瓶子上应贴上明显的标签，并分类存放。严禁使用没有标签的药品。

5）氧化剂和还原剂以及其他容易互相起反应的化学药品如储放在相邻近的地方，应采取可靠的物理隔离。

6）汽、水取样地点，应有良好的照明。

7）取样时应戴手套。

8）高温汽水样品必须通过冷却装置降温后取样，应保持冷却水管畅通和冷却水量充足。

1.5.3 危化品仓库

1）危化品仓库专设人员进行管理，该人员须经培训并取得相应安全管理或岗位授权。

2）危化品仓储管理部门应对其外观、包装等进行检查，凡包装破损、残缺、渗漏、变形及物品变质、分解的，严禁出、入库。

3）不得接受和使用没有“危险化学品安全标签”和“危险化学品安全技术说明书”的危险化学品（危化品）；所有的化学品其外包装上均应该保持清晰的识别标记。

4）酸、碱、易燃易爆等危险物品应专库存放、专人保管，余料应及时归库。

5）剧毒化学品应当实行“双人收发、双人双锁”保管制度。

6）危化品库应标识齐全，各种危化品均应张贴安全信息卡，内容包括：危化品名称、特性、贮存数量，安全警示等；危化品包装上的安全标签必须完好；现场设置必要的安全操作规程。

7）所贮存的危化品整齐有序，分类清晰，相关标识必须清楚地张贴在储存区，实际贮存状况应与分类标识保持一致。

8）腐蚀性商品应按不同类别、性质、危险程度、灭火方法等分区分类贮存，性质和消防施救方法相抵的商品不应同库储存。

9）严禁将氧化性和还原性化学品同柜存放，严禁将可能产生化学反应的化学品同柜存放。

10）危化品库通风系统、电气设备、房门等必须设有导除静电接地装置。

11）腐蚀性物品包装必须严密不允许泄漏，严禁与液化气体和其他物品共存。

12）危化品库除在检查、维护和搬运危化品期间，其他任何时候仓库都必须保持关闭上锁。

13）装卸搬运危险化学品时应做到轻装、轻卸，严禁摔、碰、撞、击、拖拉、倾倒和滚动。

14）装卸对人身有毒害及腐蚀性的物品时操作人员应根据危险性穿戴相应的防护用品。

15）液体化学品应设置事故状态下泄漏的收集、储存设施，其容积应满足事故状态下的有效收集和储存。

16）危化品仓库冲淋设施、防护用品、泄漏应急响应设施要齐全，定期实施检查和维护。

17）气瓶储存地点必须保持良好的通风和温度，存放空间内温度不得超过 40 ℃，否则应当采用喷淋等冷却措施。

18）储存气瓶的仓库应具有耐火性能；门窗应采用向外开形式，地面应该平坦不滑，砸击时不会发生火花。

19）气瓶仓库内应设架子，使气瓶垂直立放，空的气瓶可以平放堆叠，但每一层都应垫有木制或金属制的型板，堆叠高度不准超过 1.5 m。

20）气瓶应存储稳固，与可燃物、易燃液体隔离，储放在远离电梯、楼梯或过道、不会被经过或倾倒的物体碰翻或损坏的地点。

21）氧气瓶不准与乙炔气瓶或其他可燃气体的气瓶储存于同一仓库。

22）空瓶与实瓶应当分开放置，并有明显标志。

23）储存气瓶仓库周围 10 m 距离以内，不准堆置可燃物品，不准进行焊接等明火工作。

1.5.4　仓储

1）货架的所有操作作业人员应经培训合格后，方可上岗；非仓储货架的专业安装人员禁止攀爬货架。

2）装载应根据供应商规定的加载方式进行，单元荷载不大于额定荷载。

3）物流器具（托盘、料箱、仓储笼等）应处于良好的工作状态，其尺寸和类型应与货架结构箱匹配。

4）货架的操作通道或区域内应确保没有障碍物。

5）在货架及其周边应设置防护措施，避免对货架及操作人员造成损伤。

6）货架发生任何意外损伤时，作业人员应立即设置防护围挡或警示标志。

7）货架应进行日常维护检查，并应做好记录。

8）货架主体结构应无碰撞损伤。

9）货架垫片、锚栓、锁定装置、柱，及柱的保护装置的工作状况应可靠、完好。

1.5.5　办公场所

1）办公场所的通道应保持整洁卫生，不得堆放杂物。

2）办公场所内不得超高堆放物品。

3）锋利的刀、剪、笔等应小心使用并妥善放置。

4）办公室不存放贵重物品。

5）办公室及工位应保持整齐、清洁，地面积水及时清理。

6）上下楼梯扶好扶手，不得奔跑。

7）玻璃门须张贴提示条。

8）高处存取东西，应使用稳固的支撑物，不得站在转椅上。

9）办公场所禁止使用油汀、电暖炉等移动式电热器具。

10）电源开关下方不准堆放可燃物。

11）不得擅自拉接临时电线。

12）电气设备不得有电线发热、老化破损或超负荷使用。

13）禁止使用不合格的电气产品。

14）经常检查饮水机、电源插座是否完好可靠。

15）禁止使用大功率电气。

16）不要用湿手接触带电设备、电源开关、插头插座等，不用湿布擦拭带电电气。

17）厂区内办公或人员休息集装箱应设置防雷接地装置。

18）办公室员工在下班前应及时关闭电脑、饮水机、打印机等设备的电源，关闭门窗。

1.6 网络安全要求

1.6.1 信息所有权

1）公司提供的信息资产为服务公司业务而使用，在此情况下，员工的使用行为需要接受公司的监控和审计。

2）利用公司的信息资产所产生、处理和存储的一切信息的所有权归公司所有，公司出于对信息系统维护、安全管理和司法取证调查等需要，保留任何时候、对任何计算机及存储设备上的信息进行监控、复制、披露或删除的权利。

1.6.2 账号口令安全

1）不得将自己的账号转借、泄漏给他人使用，或转借、使用他人的账号；如确因工作需要临时授权他人使用本人账号，建议在授权他人使用本人账号时最多授予一人使用，且在他人使用完成后，应及时修改账号密码，保护账号安全。

2）得到账号口令后，应立即更改初始口令；口令的最小长度为 8 位，必须包含大写字母、小写字母、数字和特殊符号的组合。

3）口令要定期进行更改，口令更新周期不得超过 90 天，每次更改的口令不能与前三次的相同。

4）不得利用系统漏洞或任何工具尝试获取、破解他人的账号口令。

5）账号口令不应该记在非经特别保护的纸面上，不能未经加密存储在电子介质中。

6）在工作岗位调动或离职时，应主动移交自己掌握的全部账号和口令。

1.6.3 终端使用安全

1）公司计算机终端严格执行“专网专用”，严禁将公司管理办公内网、隔离外网、生产控制网计算机终端接入非授权网络使用。

2）应爱护公司配发的终端设备，保持设备清洁和完整性，避免因配发的终端设备丢失、毁损引起内部信息泄密事件。

3）未经授权，禁止擅自更改终端初始硬件配置，禁止擅自更改终端网络配置项，如主机名、IP 地址及当前账号权限。

4）终端经过审批后方可接入公司内网，终端在接入公司内网之前，必须安装经公司统一部署的防病毒和终端准入等安全软件，并及时升级系统安全补丁和病毒库，进行全面的病毒木马扫描。

5）禁止私自安装无线路由器等设备扩展公司网络，禁止变更终端的网络接入区域和范围的行为，内网终端禁止接入 4G 等上网设备访问互联网。

6）如果发现终端被入侵或感染了病毒并不能有效清除时，应立即断开网络连接，及时与服务台取得联系，并配合信息安全管理员的调查。

7）禁止私自在终端上安装或卸载任何软件，以及运行不在公司软件白名单中的任何绿色软件。

8）终端应启用屏幕保护功能，操作系统屏幕保护启动时间不超过 15 min，并设置为“在恢复时使用密码保护”；离开办公座位时，要锁定终端屏幕；下班或结束工作时，应关闭终端及电源。

9）通过共享文件夹进行文件交换时，应严格控制存取权限，并只给需要的人员分配权限。

10）禁止利用黑客技术或手段对公司网络系统、服务器、终端进行攻击、渗透测试；禁止制造或传播病毒、木马等恶意代码。

11）不得在公司内网终端进行与工作无关的活动，不得利用公司网络信息系统传播违规信息。

1.6.4　互联网访问安全

1）不得利用互联网从事反对宪法所确定的基本原则的活动。

2）不得利用互联网危害国家安全、泄漏国家秘密、颠覆国家政权、破坏国家统一。

3）不得利用互联网从事损害国家荣誉和利益的活动。

4）不得利用互联网从事煽动民族仇恨、民族歧视，破坏民族团结的活动。

5）不得利用互联网从事破坏国家宗教政策，宣扬邪教和封建迷信的活动。

6）不得利用互联网散布谣言，扰乱社会秩序，从事破坏社会稳定的活动。

7）不得利用互联网散布淫秽、色情、赌博、暴力、凶杀、恐怖或者从事教唆犯罪的活动。

8）不得利用互联网侮辱或者诽谤他人，侵害他人合法权益。

9）不得利用互联网从事危害他人信息系统和网络安全、侵犯他人合法权益的活动。

10）不得利用互联网从事含有法律、行政法规禁止的活动。

11）不得将公司机密文件和技术类文件在互联网上传播。

12）不得在网上散布任何有关公司负面消息。

13）不得在上班时间浏览、访问与工作无关的互联网站点。

1.6.5　电子邮箱使用安全

1）不得利用电子邮件发送与工作内容无关的信息。

2）当遇到无法打开邮箱或无法发送接收邮件时，应与服务台联系，由相关技术人员负责解决，不得随意改动系统相关配置。

3）发件人要合理选择该邮件的主送和抄送者，主送应该是对该信息负有直接行动责任的主体，抄送应是有责任了解该信息的主体。收件人回复电子邮件时，在不涉及保密、不影响工作关系和职责分工等情况下，应送给原邮件“抄送”栏中的所有或至少其上级和同级人员，避免误解和耽误工作。

4）电子邮件的内容要符合党和国家的方针、政策、法律、法规，以及公司的有关政策和规定。涉及国家及公司秘密的内容，严禁以电子邮件进行传递，必须按照公司相关保密规定执行。

5）收件人接收邮件后要检查发件人署名和邮箱账号是否一致，如果不一致，收件人应通过其他联系方式与邮箱用户进行核实。

6）电子邮件的附件在使用前，必须进行病毒检查，收到可疑的电子邮件，不要随意打开，直接删除或通知服务台进行处理，以免受到病毒感染。

7）收件人接到垂直指挥体系的主体发来的邮件时有责任采取相应的行动，仅以电子邮件形式发出的指令不能替代任何相关管理程序规定发布的正式工作指令和文件签署。

8）处室负责人在发送含有重要信息的邮件时，应同时让本处室相关负责人和与此项工作有关的主要人员知悉，除非是敏感的信息。通常处室之间工作信息的通报，收件人应是与此通报内容相关的处室负责人，抄送栏应包括相关的公司领导，其他处室负责人和其他相关人员；如果通报内容有需要主管领导确定的事项，则应首先获得公司主管领导明确指示或决定后再通报。

9）处室之间或各处室向公司领导发出包含正式汇报、请示、协调等内容的邮件时，应通过处室负责人邮箱发出，未经处室负责人授权，员工不得向其他处室负责人或公司领导随意发送包含前述内容的邮件。如有必要，应经处室负责人同意后，由处室负责人授权的邮箱发出，在邮件签名处应表明发件人姓名和授权的处室负责人姓名，且邮件必须抄送处室负责人。

10）员工不得随意向全域、全处室、全科以及其他组群发送电子邮件。如确实需要，向全域发送电子邮件必须经过所在处室负责人的授权。对其他群组发送电子邮件时，应获得相应群组负责人或所在处室负责人的同意。

1.6.6 远程办公安全

1）公司授权的远程接入方式为 Citrix 接入，需要在“在线审批”中申请，具体要求参见 IT-TW-4101《网络系统管理》。

2）远程接入终端设备上存储的工作信息应该予以保护以防信息被盗或丢失。

3）远程登录的账号即 Citrix 账号仅限本人使用，不允许转借他人使用。

4）申请的短期远程工作接入活动结束时，及时反馈信息文档处便于收回授权权限。

5）接入公司信息系统工作完毕后，立即退出系统，断开远程连接。

6）在公共场所使用远程办公设备接入时，注意防范被未经授权的人员窥视。

1.6.7 移动存储介质安全

1）应妥善保管使用的移动存储介质，禁止随意丢放，防止丢失和敏感信息泄漏。

2）为防止病毒传播和交叉感染，移动存储介质在使用前，需要先进行病毒查杀，确认无病毒后方可使用。

3）移动存储介质使用完成后，介质中的信息和数据及时删除。

4）公司购买和配发的移动存储介质损坏或丢失后，应及时向服务台报备。

1.6.8 数据和文件安全

1）严格遵守“涉密不上网、上网不涉密”的保密原则，不得收集、泄露公司敏感信息。

2）在公司办公内网终端和带离办公场所的外网终端上，禁止处理绝密、机密、秘密、核心商密级文件；如因工作需要在带离办公场所的外网终端上，加工、存储和传输普通商密、工作秘密文件时，必须采取有效安全措施，如加密等。

3）内网终端中存放的电子数据应妥善保存，建立适当的数据存放目录，敏感信息应采取有效安全措施妥善保存（如文件加密等），定期清空回收站。

4）手机的使用应当遵守国家有关保密规定，严禁使用手机发送、存储、处理有关涉密事项的信息。

5）未经允许，不得阅读他人的文件、文档和电子邮件。

6）纸质敏感信息必须存放在文件柜内，并加锁保护，不得随意搁置在桌面或夹带在日常的文件中，未经授权不得私自复制、影印、摘录与外传。

7）在使用完公用的打印机、复印机设备后，要及时将打印或复印的文件取走。

第 2 章 危险源辨识及安全隐患排查

2.1 危险源辨识

2.1.1 危险源辨识规定

2.1.1.1 处室

按照“管生产必须管安全”“全员安全生产责任制”的要求，组织成立危险源辨识评估小组，开展危险源辨识、安全风险点管控等工作。

2.1.1.2 员工

1）掌握危险源辨识的方法，积极参与危险源辨识活动。

2）熟悉本岗位活动中的人身伤害、财产损失事故风险及其控制措施，并严格执行。

2.1.1.3 定义

1）危险源：可能导致人身伤害和（或）健康损害和（或）财产损失的根源、状态或行为，或它们组合。

2）危险源辨识：识别危险有害因素的存在并确定其分布和特性的过程。

3）安全风险：发生危险事件或有害暴露的可能性，与随之引发的人身伤害、健康损害、财产损失的严重性的组合。

4）安全风险评价：运用定性或定量的分析方法对危险有害因素伴随的风险进行分析、评估的过程，得出评估结果，划分安全风险等级（重大风险、高度风险、中度风险和低风险四级）。

5）安全风险点：风险伴随的场所、设备系统，以及在场所、设备系统实施的伴随风险的作业活动，或以上两者的组合。对于识别为重大风险、高度风险的视为公司级安全风险点。

6）人身安全敏感设备：是指对人身安全具有重要作用的，一旦发生破坏性故障，可能导致能量释放造成工作人员群体伤亡的固定工艺设备。

7）中国核工业集团有限公司（下称“集团公司”）安防环保风险：根据《中国核工业集团公司安防环保风险管理规定》安防环保风险是指设备、人因、管理等方面的不确定因素对安全环保的影响，一旦风险管理控制措施失效，发生事故将造成人员伤亡、财产损失或环境污染。

集团公司安防风险分为Ⅰ、Ⅱ、Ⅲ级三个等级，Ⅰ级最高，划分原则为如下。

➢ Ⅰ级风险的认定

具有潜在的场外放射性后果；或具有临界安全风险，可能造成二级以上核事件；或可能造成较大以上的辐射事故；或可能造成较大以上的环境污染事故；或可能造成 3 人以上员工死亡工业安全事故，或造成 5 000 万元以上经济损失的事故；或能造成重大政治或社会影响的其他安防环保风险。

➢ Ⅱ级风险的认定

具有潜在的场内放射性后果；或可能造成二级核事件；或可能造成一般辐射事故；或可能造成一般环境污染事故；或可能造成 1～3 人死亡工业安全事故，或造成 1 000～5 000 万元经济损失的事故；或能造成一定政治或社会较大影响的其他安防环保风险。

➢ Ⅲ级风险的认定

具有潜在的厂房内放射性后果；或可能造成一级以下核事件；或可能造成意外照射；或可能造成环境纠纷；或可能造成员工重伤工业安全事故，或造成 1 000 万元以下经济损失的事故。

2.1.2　确定辨识对象

确定辨识对象应遵循以下原则：

1）以可能造成人身伤害、财产损失等生产安全事故的场所为辨识对象；

2）以运行期间可能造成人身伤害、财产损失等生产安全事故的设备系统为辨识对象；

3）以可能造成人身伤害、财产损失等生产安全事故的作业活动为辨识对象。

2.1.3　确定对象中的危险源及载体

1）辨识可能发生意外释放的危险能量（能量载体）或物质，辨识分析可能造成能量意外释放的系统功能的缺失和不安全条件以及可能造成的后果；危害因素辨识是辨识第一类危险源（机械能（含势能）、电能、热能、化学能、放射能、生物因素等）及载体，在此基础上再辨识第二类危险源（人的因素、物的因素、环境因素、管理因素）。

2）危险源辨识应重点考虑可能导致物体打击、车辆伤害、机械伤害、起重伤害、触电、淹溺、灼烫（包括酸碱、高温）、辐射、火灾、高处坠落、坍塌、放炮、火药爆炸、锅炉爆炸、容器爆炸、其他爆炸、中毒和窒息及其他伤害人身伤害和健康损害的事故风险。

3）危险源辨识应考虑所有进入工作场所的人员（包括公司员工，协作单位人员，外来视察、检查、参观、访问人员等）的活动；考虑人员行为、能力和其他人为因素；考虑工作场所的建筑物和设施、设备（无论是公司的还是由外界提供的）的不安全状态；考虑工程改造可能导致的相关危害等。

4）危险源辨识应考虑外部监督检查、内部监督检查、隐患排查和各类评估等提出的可能造成人员伤亡、健康损害的安全问题。

2.1.4 安全风险分级

安全风险分级的评估方法可以选用是非判断法、事故树分析、事件树分析、作业条件危险性分析（LEC）、火灾爆炸数学模型计算等定量评估方法。可以选用几种评估方法对同一评估对象进行评估，互相补充、分析综合、相互验证，以提高评估结果的准确性。从方便自主开展和全面推广的角度，建议采用是非判断法和作业条件危险性分析（LEC）法。

2.1.4.1 是非判断法

符合如下条件的（见表 2-1），建议直接确定为对应的风险级别。

表 2-1 工业安全、消防安全风险分级条件

风险等级	场所分级	设备系统分级
重大风险（红色）	存在重大安全隐患，可能导致群体伤害事故，需要立即停产、隔离并采取整改行动的	存在重大安全隐患，可能导致群体伤害事故，需要立即停产、隔离并采取整改行动的
高度风险（橙色）	存在急性中毒（含食物中毒）、爆炸、火灾、坍塌等可能导致 3 人以上群体工亡的固定场所。例如： ✓ 化学品仓库（易燃易爆，有毒品区域） ✓ 柴油醋罐区 ✓ 液氯间 ✓ 锅炉房 ✓ 制氢站 ✓ 放射源库 ✓ 食堂（含气瓶间）	存在急性中毒、爆炸、火灾灼烫（高温）等可能导致 3 人以上群体工亡的设备系统。例如： ✓ 氢气、氯气、柴油系统 ✓ 工作压力≥10 MPa 且管道直径大于 25 mm 的高温（温度＞100 ℃）系统 ✓ 主变压器 ✓ 特种设备锅炉
中度风险（黄色）	存在车辆伤害、机械伤害、窒息、触电、灼烫（包括酸碱、高温）等可能导致 1～2 人工亡的固定场所。例如： ✓ 化学品仓库（酸碱储存区域） ✓ 6 kV 以上配电间 ✓ 化学实验室 ✓ 酸碱储罐区域 ✓ 机械加工、铆焊车间 ✓ 通勤车辆	存在车辆伤害、机械伤害、起重伤害、窒息、触电、灼烫（酸碱、高温）等可能导致 1～2 人工亡的设备系统。例如： ✓ 强酸强碱系统 ✓ 0.1 MPa≤工作压力＜1.6 MPa 且管道直径＞100 mm 的高温（＞100 ℃）系统 ✓ 1.6 MPa≤工作压力＜10 MPa 且管道直径＞25 mm 的高温（＞100 ℃）系统 ✓ 6 kV 以上配电系统 ✓ 特种设备（电梯） ✓ 特种设备（起重机） ✓ 特种设备（叉车） ✓ 特种设备（压力容器）
低风险（蓝色）	其他场所	其他设备系统

注：作业活动安全风险等级划分条件《作业安全风险分析和高风险作业许可》程序规定，辐射安全风险按其规定执行。

2.1.4.2 LEC 法

LEC 法通过确定与作业条件风险率有关的三种因素指标值之积（危险性分值 D=

L×E×C）的大小来评价人员健康安全风险等级。这三种因素是：

L——发生人员伤亡、火灾、财产损失事故的可能性；

E——人体暴露于危险环境中的频繁程度；

C——发生事故可能造成的损失或后果。

各因素的指标值如表 2-2～表 2-4 所示。

表 2-2　发生人员伤亡、火灾、财产损失事故的可能性（L）

事故发生的概率				分值
可能性	人员能力	设备系统工器具及材料	措施	
完全可以预料（可能性和预期值 100%）	不胜任（无培训、无经验）	超期运行或超检验期	无任何措施，需要但缺之	10
相当可能（可能性和预期值 50%）	不够胜任（有培训但未达到效果）	保护自动装置功能不完善，存在质量缺陷	有措施，但不完善，可执行性差	6
可能，但不经常（可能性和预期值 20%）	一般胜任（经验不足，多次出现差错）	基本完好，但安全装置不完善	防范措施比较有效，个别不好执行	3
可能性小，完全意外	胜任（偶尔出现差错）	总体完好，但有缺陷	防范措施有效，可以执行	1
很不可能，可以设想	高度胜任（培训充分，经验丰富，安全意识强）	完好，无缺陷	防范措施有效，全面、充分	0.5
实际不可能				0.1

表 2-3　人体暴露于危险环境中的频繁程度（E）

频繁程度	分值
持续，每天许多次或实际危险接触时间大于 12 h	10
经常，大概每天一次或实际危险接触持续时间 6～12 h	6
有时，大概每周一次或实际危险接触持续时间 3～6 h	3
偶尔，大概每月一次到每年一次或实际危险接触时间 1～3 h	2
很少，大概每年几次或实际危险接触时间 0.5～1 h	1
特别少，没有过或实际危险接触时间小于 0.5 h	0.5

表 2-4　发生事故可能造成的损失或后果（C）

人员伤亡	直接经济损失	分值
10 人以上死亡，或 30 人以上重伤	5 000 万元以上	100
3～10 人死亡，或 10～30 人重伤	1 000 万～5 000 万	40
1～2 人死亡，或 2～10 人重伤	100 万～1 000 万	15
人员轻、重伤，需要送医院处理的伤害	30 万～100 万	7
轻微受伤，医务室能处理的伤害	10 万～30 万	2
无伤害		1

安全风险等级确定遵循从严从高的原则，根据 D 值将级别划分为重大风险、高度

风险、中度风险、低风险，公司将风险定为红、橙、黄、蓝四级，表中四级划分保准对应关系如下。安全风险的最高级别风险为该风险点的级别。

表2-5　安全风险等级划分（D）

D值	风险程度	颜色
＞320	重大风险	红
160～320	高度风险	橙
70～160	中度风险	黄
＜70	低风险	蓝

2.1.5　安全风险控制措施

制定风险控制措施时应从工程技术措施（包括消除、替代等）、管理措施、培训教育措施、个体防护措施、应急处置措施这五类中进行选择。优先选择工程技术措施，从本质安全的角度来消除风险。同时考虑如下原则：

1）风险控制措施的选择应考虑可行性、可靠性、先进性、安全性、经济合理性、经营运行情况及可靠的技术保证和服务；例如，是否使风险降低到可以接受的程度、是否产生新的风险、是否已选定了最佳的解决方案；

2）设备系统类风险/危险源通常采用以下控制措施：安全屏护、报警、联锁、限位、安全泄放等工艺设备本身固有的控制措施和检查、检测、维保等常规的管理措施；

3）作业活动类风险/危险源的控制措施通常从以下方面考虑：制度、操作规程的完备性、管理流程合理性、作业环境可控性、作业对象完好状态及作业人员技术能力等方面；

4）不同级别的风险要结合实际采取一种或多种措施进行控制；

5）需要评估现有控制措施的有效性，并检查控制措施已落实，对于存在薄弱环节的，应在工作申请或状态报告提出问题，并重新评估风险等级；

6）确定控制措施应按照消除、替代、工程控制措施，标志、警告和（或）管理控制措施，个体防护装备的顺序考虑降低风险；

7）高度风险以上的设备、场所应有应急处置措施；

8）当工艺、设备、设施发生较大变化，作业活动发生重大变化，法律法规和其他要求发生重大变化，出现事故、事件等情况下，各处室应进行安全风险识别，并更新相应的表格。

2.1.6　安全风险管控措施

安全风险责任处室要考虑对涉及高度风险的设备系统、场所进行消除或替代危险源的可行性，并持续研究改进相关本质安全的控制措施。

2.1.6.1 场所安全风险管控

1）低风险：岗位员工实施管控，科组负责人关注、督办隐患问题；

2）中度风险：岗位员工、科组负责人等实施管控，处室负责人关注、督办隐患问题；

3）高度风险：高度危险，岗位员工、科组负责人、处室负责人等实施管控，主管领导关注、督办隐患问题；

4）重大风险：极其危险，岗位员工、科组负责人、处室负责人、公司主管领导等实施管控，公司主要负责人关注、督办隐患问题；

5）风险分级管控应遵循风险越高管控层级越高的原则，上一级负责管控的风险，下一级必须同时负责管控，并逐级落实具体措施；

6）上一级也可以根据情况自行关注和管控下一级风险。

场所安全风险管控矩阵如表2-6所示。

表2-6 场所安全风险管控矩阵

风险 管控责任	重大风险 （红色）	高度风险 （橙色）	中度风险 （黄色）	低风险 （蓝色）
科室（厂房管理者）	管控（使用安全生产隐患排查表，每天开展至少一次）	管控（使用安全生产隐患排查表，每周开展至少一次）	管控（使用安全生产隐患排查表，每月开展至少一次）	管控，每半年安全检查至少一次
处室负责人（厂房管理者、维修管理者）	管控，每周安全巡查至少一次	管控，每月安全巡查至少一次	管控	/
主管领导（厂房管理者）	管控、督办（每季度安全巡查至少一次）	管控、督办（每季度安全巡查至少一次）	/	/
公司主要负责人	管控，督办（每半年安全巡查至少一次）	/	/	/
安全监督部门	每月度巡查至少一次	每季度巡查至少一次	每半年巡查至少一次	/

2.1.6.2 设备系统安全风险管控

高度风险、中度风险的设备系统即作为人身安全敏感设备纳入日常巡检范畴。其中主要设备由设备管理处纳入NC或NC以上级设备进行设备管理；压力容器和高能管道的纳入在役检查和金属监督管理；特种设备按照《特种设备管理》程序进行维保、检验，同时按照《特种设备管理》程序进行管理。

2.1.6.3 作业安全风险管控

见《作业安全风险分析和高风险作业许可》程序规定。

2.1.7 危险源辨识工作组织流程

1）公司每年一季度组织一次危险源辨识；

2）危险源辨识应由各处室成立辨识评估小组，小组成员一般 3～5 人，危险源辨识评估小组成员中至少有一人为 11 级岗位及以上人员，如识别辨识对象的风险等级可能为中度以上时，需通知公司安全监督部门人员参加；

3）危险源辨识评估小组将辨识结果通过信息化系统录入，选择评估小组会签成员危险源辨识需经处室负责人批准生效；

4）危险源辨识结果需经过安全监督部门组织修正、改进，形成公司危险源辨识清单和中度以上安全风险点清单；

5）根据危险源辨识结果可以作为场所、设备系统的安全生产隐患排查依据，开展现场隐患排查工作；

6）对于公司级安全风险点，根据中国核电要求，安全质量处组织各安全管理部门编制安防环保风险月报、半年报、年报，按时报送中国核电，抄送集团公司；

7）对于识别为重大风险的作业活动或场所，按照集团公司安防环保风险的根据《中国核工业集团公司安防环保风险管理规定》执行并报送。

危险源辨识提报、审批流程如图 2-1 所示。

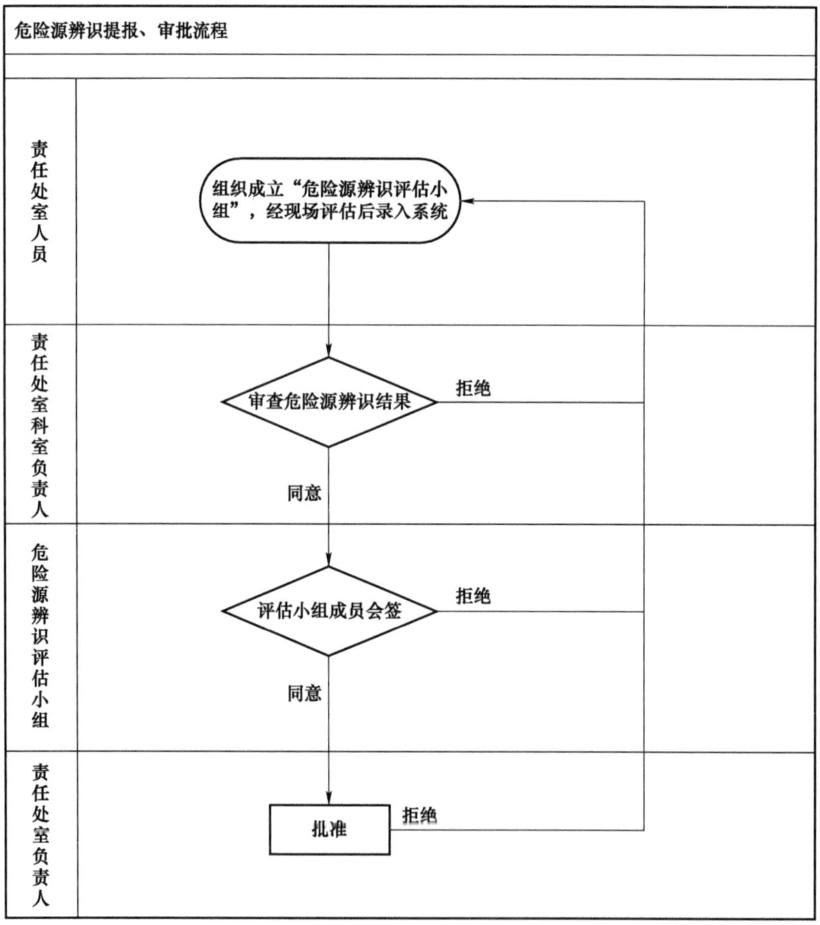

图 2-1　危险源辨识提报、审批流程

表 2-7　危险源辨识、风险评价、控制措施清单（以 IS-TW-210.01 为准）

场所类

序号	辨识对象	危险源（能量及载体）	危害因素	事故后果类别	风险评价方法和风险等级						控制措施	辨识单位/人员
					是非判断	危险性评价法 D=L×E×C				风险等级		
						L	E	C	D			
1												
2												

设备系统类

序号	辨识对象	危险源（能量及载体）	危害因素	事故后果类别	风险评价方法和风险等级						控制措施	辨识单位/人员
					是非判断	危险性评价法 D=L×E×C				风险等级		
						L	E	C	D			
1												
2												

作业活动类

序号	作业步骤	作业环境和使用工具	危害因素	事故后果类别	风险评价方法和风险等级						控制措施	辨识单位/人员
					是非判断	危险性评价法 D=L×E×C				风险等级		
						L	E	C	D			
1												
2												

表 2-8　安全风险点清单（以 IS-TW-210.02 为准）

场所、设备

序号	风险点	危险源及潜在事故类型	风险等级	当前控制措施	辨识单位/人员
1					
2					
3					
4					
5					

作业活动

序号	作业项目	作业步骤	危险源及潜在事故类型	风险等级	控制措施	辨识单位/人员
6						
7						
8						
9						
10						

2.2 安全生产隐患排查

2.2.1 安全生产隐患排查治理原则

2.2.1.1 安全生产隐患定义

生产经营单位违反安全生产法律、法规、规章、标准、规程和安全生产管理制度的规定，或者因其他因素在生产经营活动中存在可能导致事故发生的物的危险状态、人的不安全行为和管理上的缺陷。

2.2.1.2 安全隐患分类

生产安全隐患按照生产过程危害因素分四类：人的不安全行为、物的不安全状态、环境的不安全因素和管理的缺陷。

1）人的不安全行为

主要包括操作错误、忽视安全、忽视警告；人为造成安全装置失效；使用不安全设备；手代替工具操作；物体存放不当；冒险进入危险场所；攀、坐不安全位置；在起吊物下作业、停留；机器运转时进行本体作业；风险工作时有分散注意力的行为；在必须使用个人防护用品用具的作业或场合中，忽视其使用；不安全装束；对易燃、易爆等危险物品处理错误等。

2）物的不安全状态

主要包括防护、保险、信号等装置缺乏或有缺陷；设备、设施、工具、附件有缺陷；个人防护用品用具缺少或有缺陷等。

3）环境的不安全因素

主要包括作业区域的环境不符合作业管理要求和作业本身的隔离、作业等操作可能对厂区甚至场外环境带来的或可能带来的影响，如照明光线不足、通风不良、辐射、作业场所狭窄及作业空间环境恶劣、扬尘、噪声、对外超标排放等。

4）管理的缺陷

主要包括安全组织结构不健全；单位资质证照不满足要求；安全生产管理机构和人员不满足要求；安全责任制未落实；安全规章制度不完善；安全教育培训不足；安全投入不足；安全管理档案缺陷；应急管理不到位；相关方安全管理问题等。

按照事故类别分为二十一类：物体打击、车辆伤害、机械伤害、起重伤害、触电、淹溺、灼烫（包括酸碱、高温）、辐射、火灾、高处坠落、坍塌、冒顶片帮、透水、放炮、火药爆炸、瓦斯爆炸、锅炉爆炸、容器爆炸、其他爆炸、中毒和窒息和其他伤害。

2.2.1.3 安全生产隐患分级

公司内部将安全生产隐患分为重大隐患、一般隐患、轻微隐患三级。

重大隐患：符合集团公司和能源局隐患定义的重大隐患；
一般隐患：符合集团公司和能源局隐患定义的一般隐患；
轻微隐患：指不太可能直接导致安全环保事故事件发生的隐患。

2.2.1.4　即时人身伤害隐患

现场不立即处理非常可能导致人员伤亡事故的隐患。举例如下：

1）发现蒸汽、可燃气体、酸碱等易燃易爆有毒有害介质泄漏，可能导致过往人员烫伤、中毒、爆炸伤害的；

2）发现电气设备漏电、带电部位裸露，可能导致过往人员触电的；

3）发现正在作业的项目安全措施和隔离措施失效，可能导致人员伤亡的；

4）发现起重机械存在倾倒或明显吊物坠落或撞击的风险，可能导致人员伤亡的；

5）发现脚手架存在倾倒、坍塌风险，可能导致人员伤亡的；

6）发现作业人员上方存在落物打击风险，可能导致人员伤亡的。

2.2.1.5　原则

1）公司按照“党政同责”“谁主管、谁负责”“管生产必须管安全”和“全方位覆盖、全过程闭环”的原则，组织开展安全生产隐患排查治理工作；

2）各处室对承包、承租单位的隐患排查治理工作进行统一协调、管理，定期进行检查，发现问题及时督促整改；

3）公司领导、各处室、各科第一负责人变更，或处室、科职责发生重大调整，适用法律法规标准更新，本处室四新（新技术、新材料、新工艺、新设备设施）项目等，各级管理者要组织开展安全生产隐患排查治理工作；

4）根据公司统一安排，在重大活动期间、重大节日（春节、国庆）、特殊季节（汛期、高温等），公司相关领导和处室负责人要带队组织开展隐患排查治理工作；

5）节前安全检查由各安全生产分委会组织，牵头处室负责人参加；春节、国庆长假由公司安全生产分委会主任带队开展安全检查，公司召开节前安全会议；

6）公司全体员工均有责任和义务开展安全生产隐患排查，发现违章行为和安全生产隐患及时报告；

7）公司鼓励员工发现、报告和消除隐患。对发现、报告和消除隐患的有功人员，应当给予物质奖励或者表彰；对瞒报隐患或者排查治理不力的人员予以相应处理；

8）各处室、科组和个人安全生产隐患排查治理开展情况将作为各类安全评优、推荐的考核条件之一。

2.2.2　安全生产隐患排查分类

2.2.2.1　日常隐患排查

日常安全隐患排查包括管理者安全环保巡查、监督部门、班组及岗位的岗位安全巡检等。

2.2.2.2 管理者安全环保巡查

管理者巡查应坚持“属地管理、直线责任”的原则，重点关注责任范围内：关键岗位、关键设备和要害部位的高风险点状态。执行频次要求如下：

1）公司董事长、党委书记、法定代表人、总经理每季度至少进行一次管理者安全环保巡查，由安全质量处负责接口；

2）公司党委副书记、纪委书记、总会计师、工会主席每季度至少进行一次管理者安全环保巡查，由安全质量处负责接口；

3）公司总经理部其他成员每月至少进行一次管理者安全环保巡查，分别由主管业务处室轮流负责接口；

4）“高度以上风险区域”的厂房管理者的主管领导至少每半年进行一次管理者安全环保巡查，可与 3）条款合并进行；

5）业务处室和监督处室负责人每月至少进行一次管理者安全环保巡查；其他管理处室负责人每季度至少开展一次管理者安全环保巡查；

6）“高度以上风险区域”的厂房管理者的处室负责人至少每季度进行一次安全管理者巡查；

7）业务科室负责人每月至少开展一次管理者安全环保巡查，其他管理科室负责人每季度至少开展一次管理者安全环保巡查。

2.2.2.3 岗位安全巡检

1）各业务处室岗位人员对责任范围内区域和作业项目开展岗位安全巡检，主要检查：设备设施安全状态，生产现场作业环境和作业条件，作业安防环保措施落实情况，其他安防环保条件情况，以往发现隐患整改关闭情况等，每周至少开展一次；

2）运行岗位人员每日根据电子巡检仪器系统（小神探系统）或纸质巡检本执行岗位安全巡检；

3）安全监督人员重点对高风险作业项目开展日常安全巡检，并对“高度以上风险区域”进行安全监督检查，至少每季度一次。

2.2.2.4 专项隐患排查

专项安全隐患排查对象和频次如下。

1）业务处室根据安全生产法律、法规、规章、标准、规程、规定，结合《安全工作守则》，编制《安全生产隐患排查表》，明确排查对象（含台账清单）、标准、频次。经各相关处室协商，公司主要专项安全隐患排查对象和频次，并可根据实际情况适时修订。

2）《安全生产隐患排查表》分区域和专业两种，各处室应针对责任区域、安全相关物项，组织讨论、编制《安全生产隐患排查表》。

3）业务处室组织岗位员工依据编制的各岗位《安全生产隐患排查表》，开展安全生产隐患专项排查治理工作并形成记录。

4）业务处室结合《安全生产隐患排查表》执行情况，动态修订《安全生产隐患排查表》。

5）安全监督处室依据《安全生产监督》程序对公司所管领域的安全生产隐患排查治理情况进行安全监督，重点包括公司、各部门（含承包商）、各岗位安全管理制度及执行情况，是否违反安全生产法律、法规、规章、标准、规程和安全生产管理制度规定情况。

6）安全质量处负责组织建立和维护隐患排查任务跟踪信息系统，通过系统定期触发安全隐患排查任务。

2.2.2.5 综合性隐患排查

安全生产委员会、安全生产分委会、安全监督部门根据上级文件或在节日、特殊时间段、特殊活动期间等，通过专项检查计划、活动方案、通知等形式，组织开展的综合性安全隐患排查，每年不少于 2 次。

2.2.3 安全生产隐患治理

2.2.3.1 存在即时人身伤亡、重特大设备损毁风险的隐患处理

1）针对有重特大设备损毁风险的隐患，由发现者报告机组值长。由值长安排组织隔离或紧急抢修（在非工作时间，如能安全隔离，则先行隔离，待工作时间内处理），并由值长根据需要通知安全监督处室负责人组织进行跟踪、验证，直至风险消除。

2）针对有人员即时伤害风险的隐患，由发现者立即制止，并报告机组值长和安全监督处室负责人，由值长安排组织隔离或紧急抢修，安全监督处室组织进行跟踪、验证，直至风险消除。

3）对于即时人身伤亡、重特大设备损毁风险的物的不安全状态或环境不安全因素隐患，通过录入 SAP 工作申请（与运行系统相关的作为“0”级工作票）跟踪处理；人的不安全行为或管理缺陷隐患，通过录入状态报告系统跟踪处理，同时采取包括违章考核、停工令等在内的管理措施。

4）对于即时人身伤亡、重特大设备损毁风险的隐患，责任部门优先派遣工作经验丰富的人员承担整改任务。

2.2.3.2 其他安全生产隐患问题处理

1）各类安全生产隐患排查发现的问题通过填写 SAP 工作申请（物的不安全状态、环境不安全因素）和状态报告（人的不安全行为、管理缺陷）的方式跟踪整改，特殊

情况也可以通过邮件或纸质方式提交责任处室整改和闭环管理；

2）安全监督处室通过系统平台对 SAP 工作申请和状态报告提出的安全隐患问题进行分级和分类。

2.2.4 安全生产隐患统计分析

2.2.4.1 安全生产隐患分类、分级统计

公司各处室应定期按照人的不安全行为、物的不安全状态、环境的因素、管理的缺陷以及相应的二级分类进行隐患问题分类统计分析。

按照物体打击、车辆伤害、机械伤害、起重伤害、触电、淹溺、灼烫（包酸碱、高温）、辐射、火灾、高处坠落、坍塌、冒顶片帮、透水、放炮、火药爆炸、瓦斯爆炸、锅炉爆炸、容器爆炸、其他爆炸、中毒和窒息、其他伤害等进行隐患问题分类统计分析。

按照重大、一般、轻微进行隐患问题分级统计。

2.2.4.2 安全生产隐患分析

1）对于统计分析出的共性问题，根据安全生产监督程序要求向相应的业务部门发出纠正行动要求；

2）统计公司各安全监督处室与业务处室安全生产隐患排查反差率情况；

3）对于存在的重大隐患或统计分析提出的共性隐患，需在危险源辨识、安全风险分析过程中予以考虑；

4）安全监督处室和生产计划处每月 21 日前编制隐患排查治理情况统计表及月度分析报告，每季度编制本领域季度隐患排查治理分析报告，提交各相关处室和安全质量处。

2.2.5 安全生产隐患报告

1）统计分析结果，由安全监督处室在当月公司安全生产分委会和季度公司安全生产委员会上进行汇报；

2）对各处室排查出的重大电力安全生产隐患，由安全质量处组织生产计划处、核安全处、保卫处、保健物理处、环境应急处等相关处室共同讨论确定，由安全质量处在当月公司安全生产分委会上进行汇报，特殊情况可报请公司主管领导审核后，根据能源局的要求报送电力监管机构；

3）安全质量处汇总公司隐患排查月度报表报请公司领导审核签字，每月 25 日前报送中国核电，其中《关于全系统 2018 年 1 月份安全生产隐患排查治理情况的通报》（中核安发〔2018〕29 号）中《电力生产隐患排查治理情况月报表》报送电力监管机构；

4）安全质量处每月向上级单位报送安全生产隐患排查反差率情况，对于安全生产隐患排查反差率指标达不到 80%的处室，在次月安全生产责任考核小组会议上按《安

全生产责任考核管理》程序考核；

5）对于重大隐患，应当及时向中国核电安全质量部报告，内容包括：隐患的现状及其产生的原因、隐患的危害程度及整改难易程度分析、隐患的治理方案；

6）根据中国核电《关于电厂安全生产重大问题挂牌督办的通知》要求，对电厂安全生产重大问题实施督办并按时组织报送；

7）公司重大隐患治理情况和各处室隐患排查情况由安全质量处在公司安全生产委员会议上进行汇报。

2.2.6　隐患排查项目清单

隐患排查项目清单如表 2-9 和表 2-10 所示。

表 2-9　专业性重点关注项目清单

项目	序号	项目清单（包括但不限于）	责任部门	排查周期（不少于）
安全设施和工器具	1	移动梯子	维修支持处（限维修支持处工器具库房管理台账范围内）、长期借用处室	1 次/半年或大修前
	2	吊索具、钢丝绳	维修支持处（限维修支持处工器具库房管理台账范围内）、长期借用处室	1 次/1 年或大修前
	3	手拉葫芦	维修支持处（限维修支持处工器具库房管理台账范围内）、长期借用处室	1 次/1 年或大修前
	4	电动葫芦	维修支持处（限维修支持处工器具库房管理台账范围内）、长期借用处室	1 次/1 年或大修前
	5	速差器	维修支持处（限维修支持处工器具库房管理台账范围内）、长期借用处室	1 次/1 季或大修前
	6	手持电气工器具	维修支持处（限维修支持处工器具库房管理台账范围内）、长期借用处室	1 次/半年或大修前
	7	移动配电箱	维修支持处（限维修支持处工器具库房管理台账范围内）、长期借用处室	1 次/半年或大修前
	8	移动电源盘	维修支持处（限维修支持处工器具库房管理台账范围内）、长期借用处室	1 次/半年或大修前
	9	焊机	维修支持处（限维修支持处工器具库房管理台账范围内）、长期借用处室	1 次/半年或大修前
	10	轴流风机	维修支持处（限维修支持处工器具库房管理台账范围内）、长期借用处室	1 次/半年或大修前
	11	高空升降车	维修支持处（限维修支持处工器具库房管理台账范围内）、长期借用处室	1 次/1 年或大修前
	12	洗眼器	运行一处（仅负责日常检查）、运行二处（仅负责日常检查）	1 次/1 月
特种设备	13	起重机械	维修一处、维修二处	1 次/半年或大修前
	14	电梯	维修一处、维修二处	1 次/1 季
	15	容器（强制检验类）	运行一处、运行二处	1 次/1 季
	16	锅炉	运行一处、运行二处	1 次/1 季
	17	叉车	维修支持处、商务合同处	1 次/1 季

续表

项目	序号	项目清单（包括但不限于）	责任部门	排查周期（不少于）
防抗恶劣天气	18	防台	生产计划处	1 次/1 年
	19	防冻	生产计划处	1 次/1 年
	20	防汛	生产计划处	1 次/1 年
特殊劳保用品	21	安全带	维修支持处（限维修支持处工器具库房管理台账范围内）、长期借用处室	1 次/1 季或大修前
	22	安全绳	维修支持处（限维修支持处工器具库房管理台账范围内）、长期借用处室	1 次/1 季或大修前
	23	酸碱防护用品	使用处室	1 次/1 季或大修前
	24	绝缘防护用品	使用处室	1 次/1 季或大修前
	25	空气呼吸器	保卫处、保健物理处、运行一处、运行二处	1 次/1 季或大修前
	26	防毒面罩等	使用处室	1 次/1 季或大修前

表 2-10　重点关注区域清单

区域	序号	区域清单（包括但不限于）	责任部门	排查周期（不少于）
高度以上风险区域	1	辐射防护检定室/放射源库房和存放点	厂房管理者：保健物理处	1 次/1 周
			安全监督处室：环境应急处、保卫处	1 次/1 季
	2	变压器区域	厂房管理者：运行一处、运行二处	1 次/1 周
			维修管理者：维修一处、维修二处	1 次/1 月
			安全监督处室：保卫处	1 次/1 季
	3	淡水厂/取水泵站氯气设备间（液氯改造后取消）	厂房管理者：运行一处	1 次/1 周
			维修管理者：维修一处	1 次/1 月
			安全监督处室：安全质量处、环境应急处	1 次/1 季
	4	危化品库	厂房管理者：商务合同处	1 次/1 周
			维修管理者：维修一处	1 次/1 月
			安全监督处室：保卫处	1 次/1 季
	5	食堂（食物中毒风险）	后勤管理处	1 次/1 周
	6	食堂液化气间	厂房管理者：后勤管理处	1 次/1 周
			维修管理者：维修一处	1 次/1 月
			安全监督处室：保卫处	1 次/1 季
	7	制氢站	厂房管理者：运行一处	1 次/1 周
			维修管理者：维修一处	1 次/1 月
			安全监督处室：保卫处	1 次/1 季
	8	充氢发电机冷却系统	厂房管理者：运行一处、运行二处	1 次/1 周
			维修管理者：维修一处、维修二处	1 次/1 月
			安全监督处室：保卫处	1 次/1 季

续表

区域	序号	区域清单 （包括但不限于）	责任部门	排查周期 （不少于）
高度以上风险区域	9	柴油罐、燃油泵房间	厂房管理者：运行一处、运行二处	1 次/1 周
			维修管理者：维修一处、维修二处	1 次/1 月
			安全监督处室：保卫处	1 次/1 季
中度风险区域	10	酸碱间/蓄电池间	运行一处、运行二处	1 次/1 月
仓库、车间、实验室	11	仓库、库房	商务合同处及相关处室	1 次/1 月
	12	集装箱（含承包商）	使用部门和对口管理部门	1 次/半年
	13	机修车间	维修一处、维修支持处	1 次/1 月
	14	铆焊车间	维修支持处	1 次/1 月
	15	电仪车间	维修一处	1 次/1 月
	16	化学实验室	化学处、环境应急处	1 次/1 月
	17	—	驻外机构	1 次/1 月
			后勤管理处	1 次/1 年

第3章　消防、急救与辐射防护

3.1　现场火警

3.1.1　机组上的防火措施

1）防火屏障：用耐火建筑构件将建筑物加以分隔，在一定时间内限制火灾于起火区的措施。它包括墙壁、地板、天花板或者封堵门阀、闸门、贯穿件和通风系统的装置，防火屏障用额定耐火极限来表征。

2）防火分区：采用防火分隔措施划分出的、能在一定时间内防止火灾向同一建筑的其余部分蔓延的局部区域。

3）耐火楼板：能在一定时间内满足耐火稳定性、完整性和隔热性要求的楼板。

4）耐火屋顶：能在一定时间内满足耐火稳定性和耐火完整性要求的屋顶。

5）耐火隔墙：能在一定时间内满足耐火稳定性、完整性和隔热性要求的承重或非承重隔墙。

6）防火门（见图 3-1）：在一定时间内，连同框架能满足耐火稳定性、完整性和隔热性要求的门。

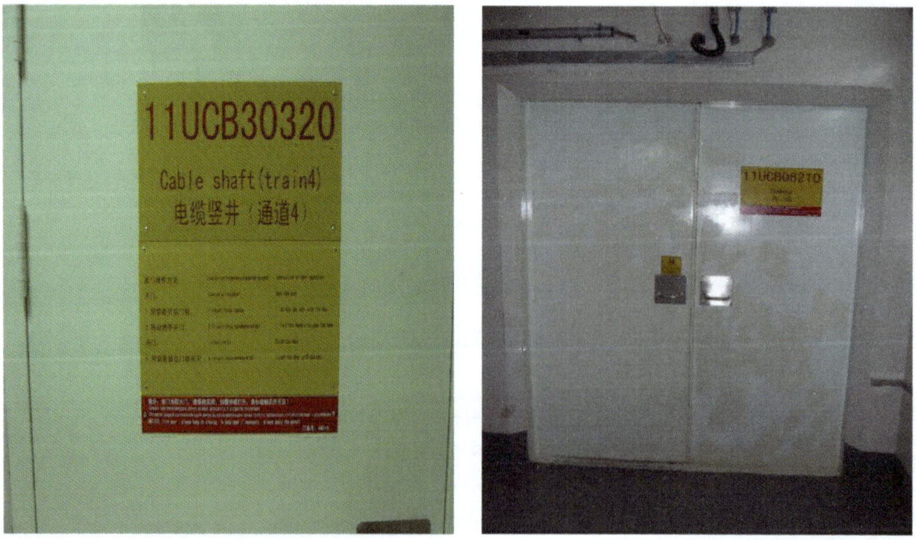

图 3-1　防火门

7）周界逃生门（见图 3-2）：各厂房与室外相通的门，紧急情况下用于人员紧急疏散。

8）疏散楼梯（见图 3-3）：具有足够防火能力并作为竖向疏散通道的室内或室外楼梯。

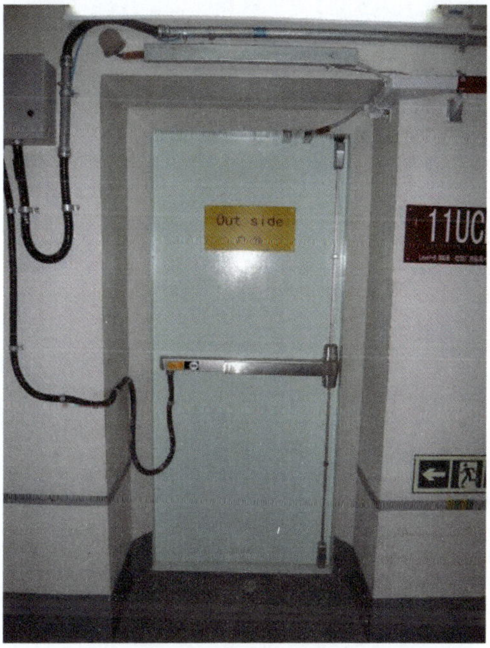

图 3-2　周界逃生门

图 3-3　疏散楼梯

3.1.2　火灾分类

根据其燃烧物质状态将火灾已一般划分为 A、B、C、D、E、F 六类。

A 类火灾：是指固体物质火灾。

B 类火灾：是指液体火灾和可熔化的固体物质火灾。

C 类火灾：是指气体火灾。

D 类火灾：是指金属火灾。

E 类火灾：是指带电设备火灾。

F 类火灾：烹饪器具内的烹饪物（如动植物油脂）火灾。

3.1.3　灭火器材

3.1.3.1　干粉灭火器

干粉灭火器内充装的是干粉灭火剂。干粉灭火剂是由具有灭火效能的无机盐和少量的添加剂经干燥、粉碎、混合而成微细固体粉末，这种粉末易于流动。

在田湾核电站使用的干粉灭火器充装的都是 ABC 类干粉灭火剂。

所谓 ABC 类干粉灭火剂是指用于扑灭 A 类、B 类、C 类火灾，带电设备火灾的灭火剂。

1）干粉灭火器灭火原理

干粉灭火器通过驱动气体将干粉灭火剂喷出，灭火剂中的无机盐与火焰作用，产生挥发性分解物，化学抑制燃烧过程中产生的自由基或活性基团，使燃烧链式反应中断而灭火。另外，干粉灭火剂落在可燃物表面，在高温作用下形成一层玻璃状覆盖层，该层覆盖物可以隔绝空气，从而通过窒息灭火。

2）干粉灭火器的组成

干粉灭火器由喷嘴、软管、保险销、压把、压力指示、储存容器等组成。

3）干粉灭火器使用方法

用干粉灭火器扑救 A 类火灾时，首先观察压力指示是否正常（黄区、绿区为正常，红区为失压），然后将灭火器提到距燃烧物 5 m 左右的地方，放下灭火器，拔出保险销，如果周围空间有空气流动，应选择在上风方向，用喷嘴对准燃烧最猛烈处，压下压把喷射，待火势减弱，可以上下、左右扫射。如条件许可，使用者可提着灭火器沿着燃烧物的四周边走边喷，使干粉灭火剂均匀地喷在燃烧物的表面，直至将火焰全部扑灭。

用干粉灭火器扑救 B 类火灾时，首先观察压力指示是否正常（黄区、绿区为正常，红区为失压），然后将灭火器提到距燃烧物 5 m 左右的地方，放下灭火器，拔出保险销，如果周围空间有空气流动，应选择在上风方向，如果是流淌火，用喷嘴对准火焰根部压下压把，由近而远左右扫射，直至把火焰全部扑灭；如果可燃液体在容器内燃烧，应对准火焰根部左右扫射，使喷射出的干粉覆盖整个容器开口表面，注意不能将喷嘴直接对准液面喷射，防止喷流的冲击力使可燃液体喷溅出，造成火灾蔓延，增加灭火难度。另外，可燃液体在金属容器内燃烧时间过长，容器壁温度高于扑救可燃液体的自燃点，极易出现明火熄灭后又复燃的现象，此时可以用水喷洒容器表面，降温，防止复燃。

用干粉灭火器扑救 C 类火灾和电气火灾时，首先观察压力指示是否正常（黄区、绿区为正常，红区为失压），然后将灭火器提到距燃烧物 5 m 左右的地方，放下灭火器，拔出保险销，如果周围空间有空气流动，应选择在上风方向，用喷嘴对准燃烧最猛烈处，压下压把喷射。

4）干粉灭火器有效喷射时间

一般干粉灭火器内装药剂的喷射时间在 1 min 以内，实际有效喷射时间仅有 10～20 s，使用过程中必须正确掌握使用方法，否则不仅灭不了火，还会贻误灭火时机。

3.1.3.2　二氧化碳灭火器

1）二氧化碳灭火剂

二氧化碳灭火剂，即二氧化碳气体。

2）二氧化碳灭火器适于扑救的火灾类型

二氧化碳灭火器适于扑救 B 类火灾、C 类火灾、带电设备火灾。由于二氧化碳气体是一种性质稳定的气体，对绝大多数物质没有破坏作用，灭火后能很快逸散不留痕迹，尤其适于扑救贵重设备、精密仪器仪表、档案资料等的初起火灾。

3）二氧化碳灭火器灭火原理

二氧化碳灭火器喷射出的二氧化碳气体具有较高的密度，约为空气的 1.5 倍。因而，灭火时，二氧化碳气体可以排除空气而包围在燃烧物体的表面，降低可燃物周围氧气浓度，产生窒息作用。另外，二氧化碳气体喷出时，由液态转为气态，从周围空间吸收热量，起到冷却作用。

4）二氧化碳灭火器的组成

二氧化碳灭火器由喷筒、保险销、压把、储存容器组成。

5）二氧化碳灭火器使用方法

用二氧化碳灭火器扑救 B 类火灾时，首先将灭火器提到距燃烧物 5 m 左右的地方，放下灭火器，拔出保险销，把喷筒往上扳 70°～90°，如果周围空间有空气流动，应选择在上风方向，如果是流淌火，用喷筒对准火焰根部压下压把，由近而远喷射，直至把火焰全部扑灭；如果可燃液体在容器内燃烧，使用者应将喷筒提起，从容器的一侧上部向燃烧的容器中喷射，注意不能将喷筒直接对准液面喷射，防止喷流的冲击力使可燃液体喷溅出，造成火灾蔓延，增加灭火难度。另外，可燃液体在金属容器内燃烧时间过长，容器壁温度高于扑救可燃液体的自燃点，极易出现明火熄灭后又复燃的现象，此时可以用水喷洒容器表面，降温，防止复燃。在室内窄小空间使用时，用后使用者应迅速离开，以防窒息。用二氧化碳灭火器扑救 C 类火灾和带电设备火灾时，首先将灭火器提到距燃烧物 5 m 左右的地方，放下灭火器，拔出保险销，把喷筒往上扳 70°～90°，如果周围空间有空气流动，应选择在上风方向，用喷筒对准燃烧最猛烈处，压下压把喷射。在室内窄小空间使用时，用后使用者应迅速离开，以防窒息。

6）二氧化碳灭火器有效喷射时间

一般二氧化碳灭火器内装药剂的喷射时间在 1 min 以内，实际有效喷射时间仅有 10～20 s，使用过程中必须正确掌握使用方法，否则不仅灭不了火，还会贻误灭火时机。

3.1.3.3　消火栓

1）消火栓的组成

消火栓由水枪、水带、消火栓栓口、消火栓箱组成。

2）消火栓使用方法

用消火栓扑救火灾时，由于消火栓栓口的出水压力对水枪产生的反作用力大，一个人在出水瞬间难以稳定操作水枪，所以必须两人操作消火栓，一个人负责将水带抛开，持一端接口边跑边与水枪相连接，注意水带扭转不得超过 360°，跑到距燃烧物 7～10 m 的地方成站立或跪姿，对准火焰基部，另一个人负责将水带另一端与消火栓栓口连接，待第一个人持水枪准备好后，开启消火栓出水阀，充实水柱即可从水枪中喷出。

3.1.4 电话报警与火警盘报警

3.1.4.1 电话报警、火灾报警控制器和火灾警报装置

1、2 号机组双围墙内 1 号机组及其公用厂房火灾向 1 号机组主控报警；2 号机组厂房火灾向 2 号机组主控室报警。3、4 号机组双围墙内 3 号机组及其公用厂房火灾向 3 号机组主控报警；4 号机组厂房火灾向 4 号机组主控室报警。5、6 号机组双围墙内 5 号机组及其公用厂房火灾向 5 号机组主控报警；6 号机组厂房火灾向 6 号机组主控室报警。手动消防按钮、声光报警器、报警电话以及主控消防盘如图 3-4 所示。

未经授权，任何人不得直接拨打市话 119，向市公安消防队报警。

火灾报警控制器是指为火灾探测器传电、接收、显示和传递火灾报警信号，并能对自动消防设备发出控制信号的一种火灾报警装置，火灾信号接收控制装置如图 3-5 所示。

图 3-4　手动消防按钮、声光报警器、报警电话以及主控消防盘

	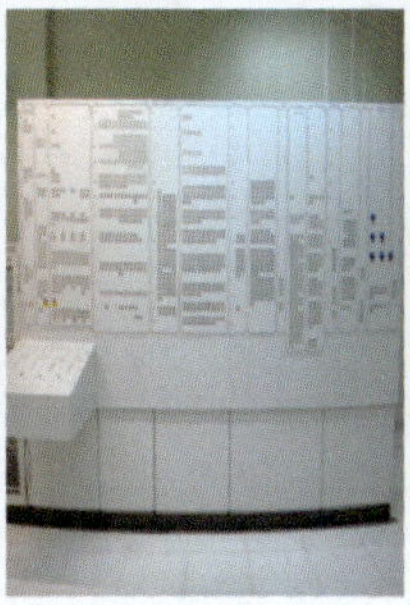	
主控室消防监控盘	主控室报警显示盘	火灾接收控制装置(RCD箱)

图 3-4　手动消防按钮、声光报警器、报警电话以及主控消防盘（续）

图 3-5　火灾信号接收控制装置（RCD 箱）

火灾警报装置是指火灾报警系统中用以发出区别于环境声光的火灾警报信号的装置。气体消防放气指示灯如图 3-6 和图 3-7 所示。

图 3-6　气体消防放气指示灯（房间内）

图 3-7　气体消防放气指示灯（房间外）

3.1.4.2 火警盘报警

火警盘报警时，操纵员按下列顺序及要求响应。

1）报警（报警信号处理）

查看火警盘。一旦出现火警的声响/灯光报警，辅操/操纵员（运行三处）应立即到有关控制盘前查看；根据报警盘显示，确定报警房间；如出现报警为黄色，则启动二级干预队快速响应人员；如出现报警为红色，则启动二级干预队第二响应力量。

辅操/操纵员（运行三处）提取消防行动指南。

填写工作日志，填写的内容包括：报警系统显示的信号、确认火灾的行动、探测通道不可用的时间、安排的特殊巡视等。除非另有说明，对任何火灾报警信号，都必须作为真实的火灾报警处理（在辅操//操纵员（运行三处）日志中记录消防系统出现的报警及其响应）。

时间要求：此过程不超过 1 min。

2）启动二级干预队快速响应人员和二次接警

派现操（现场操作员）去火场。二级干预队快速响应人员不应少于 2 人，方便时二级干预队快速响应人员应带上消防行动指南。

确认火情、报告。现操到达火场后，一旦确认有火情，立即拨打火警电话向值长汇报火情。执行二级干预队快速响应人员的现操，一名根据值长的指令，在消防汇合点迎候消防队，并指引路线，一名留守火场监视火情，或在确保安全的前提下，根据值长安排实施干预，执行现操消防行动指南。

辅操/操纵员（运行三处）持续监盘。应注意是否有任何新的异常情况出现，如喷淋动作，邻近原报警区的区域也出现报警等。如果能从新的异常情况判断火情确定已发生，则立即汇报值长，建议启动二级、三级干预。

时间要求：派现操的时间不超过 1 min（提取消防行动指南的时间不超过 1 min），到达现场的时间不超过 3 min，报告和二次接警时间不超过 1 min。

3）二级干预队启动

确认二级干预队快速响应人员的汇报或主控出现红色报警后，机组值长通知二级干预队队长和队员，启动二级干预队（具体要求同电话报警部分）。

分发消防行动指南（具体要求同电话报警部分）。

二级干预队第二响应力量出发（具体要求同电话报警部分）。

时间要求：从电话（或广播）通知到二级干预队第二响应力量出发，尽量不超过 3 min（或 5 min）；从二级干预队第二响应力量启动至到达火场（除辐射控制区外）不超过 5 min。

4）三级干预启动

具体要求同电话报警部分。

5）机组状态控制

具体要求同电话报警部分。

3.1.5　消防案例

3.1.5.1　案例一：1 号机组 4 号低压主汽门保温棉冒出油蒸汽

T102 大修期间，某承包商在 11UMA16110 汽轮机大厅拆卸阀门油动机法兰，没有将管道内的残油完全排出，部分残油滴落并渗入保温棉。启机后，1 号机主控接到报警，4 号低压主汽门保温棉冒油蒸汽，此时保温棉内的温度高达 250 ℃，主控派现操核实情况，现操核实的情况与报警电话内容基本一致。主控迅速向消防队报警，消防队赶到现场，做好扑灭明火的准备。经主控确认，油位未下降，应无漏油发生，另一组队员开始拆除冒油蒸汽的保温棉，大约 2 h 后，冒油蒸汽的保温棉拆除。

3.1.5.2　案例二：11UJE24420 房间木板烤燃事件

某部门在 11UJE24420 房间进行阀门堵漏作业，需拆除部分保温，保温拆除后裸露出法兰螺栓，螺栓温度高达 250 ℃，为防止烫伤脚底，作业人员在螺栓上放置了两块木板，其中与螺栓直接接触的木板未做阻燃处理。堵漏作业结束后，作业人员离开现场，离开前，工作负责人电话通知主控将 11UJE24420 房间已隔离的火警回路恢复正常，但遗留在螺栓上的木板未清理，由于螺栓温度高，木板放置时间长（约 24 h），加之房间内空气不流通，积热不散，导致木板烤燃，产生的烟雾引起 11UJE24420 房间火警回路报警。

3.1.5.3　案例三：11UKD34111 电加热器烤焦塑料饮水杯事件

1 号机组大修期间，某作业人员将塑料饮水杯放置在 11UKD34111 房间电加热器上，电加热器受电投运，温度升高，烤焦塑料饮水杯。

为防止类似事件重复发生，消防科已要求施工单位在距所有电加热器 1 m 远处用黄色荧光漆涂刷警示区域边界，警示区域内用黄色荧光漆涂刷警示语“禁止存放”，意思为警示区域内禁止存放任何物品物料。

3.1.5.4　案例四：酸腐蚀管道，释放氢气引发轻微爆燃事件

某部门对不锈钢管道进行焊接前的打磨作业，打磨过程中，打磨人员听到“啪”的一声轻微爆炸声，立即停止打磨，用水管对管道进行冲洗，然后开始焊接，刚一开始焊就有一篮球大小的火球冒出，作业人员再次停止作业，用水继续对管道进行冲洗，发现有大量残酸从管道内流出，呈墨绿色。冲洗完毕后，作业人员继续试焊，仍有轻微爆炸声，作业人员改用氮气置换，置换合格后，焊接得以进行。

3.1.5.5 案例五：11UMA00110 房间动火作业防护不到位事件

某单位作业人员在 11UMA00110 房间（3 m）进行焊接作业，作业人员按照《动火证》要求申请了动火证，并用防火布做围护，围护结构不完整，火花飞溅到围护结构以外，掉落到 0 m 防尘塑料布上，而此时监火人员正与其他人员聊天，未发现险情。

3.1.5.6 案例六：动火作业烧穿塑料布事件

某单位作业人员在 11USG 厂房室外进行动火作业，申请了动火证，但围护采用塑料布，监火人员对此未提出质疑。消防监督人员指出围护结构不合理后，作业人员进行了整改，在塑料布内层衬上了防火布，第二天复查时发现，塑料布仍被烧穿。

3.1.5.7 案例七：11UJE24120 房间电气设备导线炭化冒烟事件

某单位作业人员在 11UJE24120 房间进行焊接作业，使用的导线（经电焊机变频后由电焊机接入到电焊钳段的导线）有破损，破损处用绝缘胶布包裹，包裹不紧密，作业时，导线在钢格栅上来回拖动，致使破损处绝缘胶布松脱，线芯与钢格栅接触产生电弧，绝缘胶布及导线绝缘层炭化冒烟。

3.1.5.8 案例八：防火屏障打开未实施临时封堵

某单位作业人员在电缆竖井 11UQA00350（8 m）进行防火屏障打开作业，办理了《防火屏障打开许可证》，防火屏障打开后，作业人员未用矿棉包对打开的孔洞实施临时封堵，导致电缆竖井 11UQA00350 与 11UQA08110 房间贯通，另一单位在 11UQA08110 房间进行电缆桥箱切割作业，作业地点距新开孔洞约 1 m，切割产生的烟尘通过新开孔洞进入电缆竖井 11UQA00350（8 m），导致两只火灾探测器报警，引起电缆竖井 11UQA00350 消防喷淋系统误喷。

3.1.5.9 案例九：11UMA03511 房间打磨作业，引起消防喷淋系统误喷

某单位作业人员在 11UMA03511 房间进行打磨作业，该房间安装有感烟火灾探测器，作业人员申请办理了《动火证》，未申请办理《消防系统隔离单》，打磨期间，产生的烟雾引起感烟火灾探测器报警，导致消防喷淋系统误喷。

3.1.5.10 案例十：擅自使用 21UCB04141 房间消防水事件

某单位作业人员未申请办理《使用消防水申请表》，在 21UCB04141 房间擅自使用消防水充注地坑，造成消防管网压力迅速下降，有导致稳压泵跳泵、消防管网压力丧失的危险。

3.1.5.11 案例十一：某乒乓球厂厂房火灾事故

某乒乓球厂生产类别为甲、乙类，厂房建（构）筑物耐火极限大部分为 1 h，工序

之间的连通孔洞没有用耐火材料封堵，无法保证防火屏障的完整性。因厂房内可燃物粉尘积聚过多，遇明火引发火灾，由于未安装火灾探测和固定灭火系统，火势无法得到有效控制，通过连通孔洞蔓延至其他厂房，烧毁专用设备 25 台，部分厂房建（构）筑物耐火极限达不到要求，烧毁坍塌。

3.1.5.12 案例十二：专家二村某住户厨房起火事件

专家二村某住户在厨房内用电磁炉加热食用油，期间感觉冷，回卧室取衣服保暖，返回厨房后发现，食用油已被点燃，情急之下住户用水浇到油锅上。由于油的比重比水轻，且受到搅动，与空气中的氧气接触面加大，火势没有减弱，反而更加旺盛，引燃了油烟机外壳上的油垢，造成油烟机起火，火苗蹿至顶棚，烧毁顶棚。

3.2 二级干预队

3.2.1 二级干预队的组织

双围墙内机组所属厂房（核岛、常规岛等，除公用部分）的二级干预由值长负责组织。接班后，由值长指定当值的二级干预队成员。

运行一处和运行二处双围墙内运行值现场二级干预队分核岛组和常规岛组，核岛组主要响应核岛控制区厂房的二级干预行动，常规岛组主要响应常规岛和核岛非控制区厂房的现场二级干预行动。现场二级干预队由隔离经理或副值长任队长，现场操作员任成员，二级干预队不少于 3 人。

运行三处双围墙内运行值现场二级干预队分为核岛组、电气组和常规岛组。核岛组主要响应核岛控制区厂房的二级干预行动，常规岛组主要响应常规岛和外围 BOP 厂房的二级干预行动，电气组主要响应电气厂房的现场二级干预行动。

现场二级干预队由隔离经理或副值长担任队长，现场操作员任成员，二级干预队不少于 3 人。

运行二处双围墙内 BOP 岗位的二级干预由本岗位人员担当，由值长负责组织。

3.2.2 运行值对发生在双围墙内火警的响应

运行值对发生在双围墙内的火警的消防响应流程，见图 3-8 和图 3-9。

根据不同的报警方式，采取相应的响应行动。这些行动可归纳为：

1）接警；

2）启动二级干预快速响应人员；

3）二次接警；

4）启动二级干预第二响应力量；

5）启动三级干预；

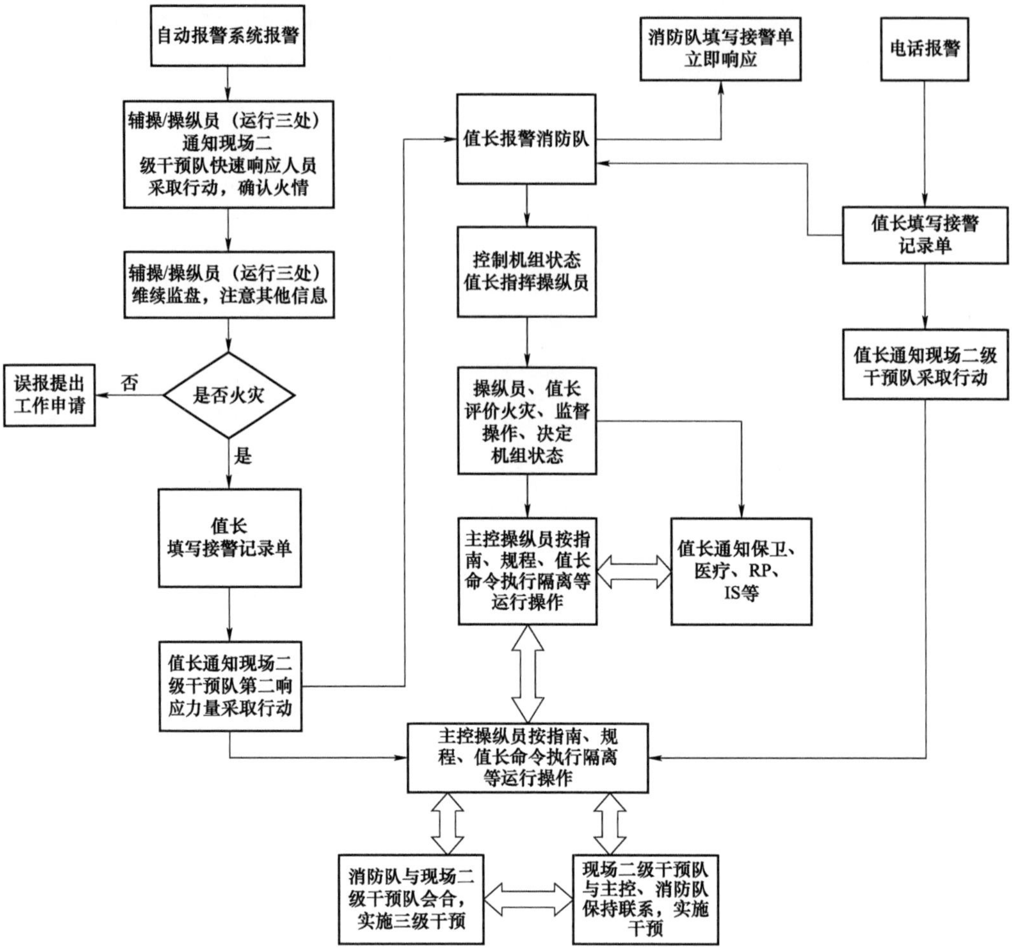

图 3-8 消防响应流程示意图（主控室使用部分）

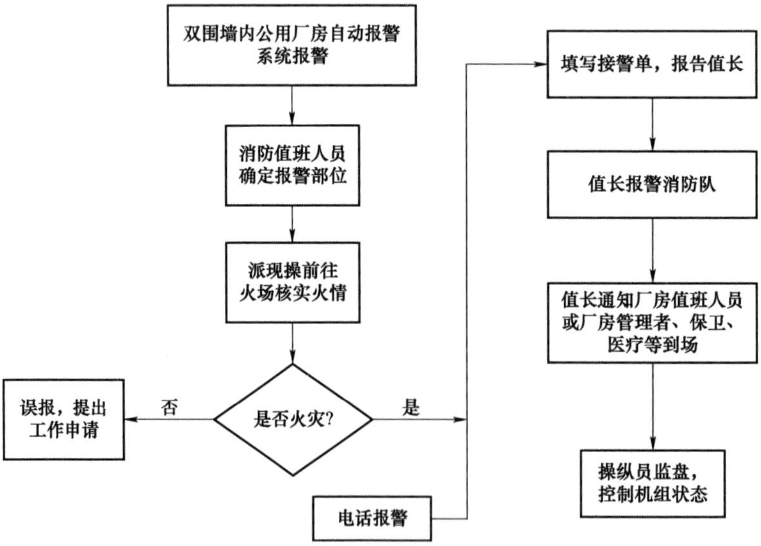

图 3-9 消防响应流程示意图（运行服务楼使用部分）

6）机组状态控制。

3.2.3　消防行动指南

消防行动指南为火灾情况下运行人员使用的基本灭火响应规程。任一房间火警的消防行动指南都由机组值长、主控室操纵员、现场二级干预队队长和现操使用的消防行动指南组成。各机组主控室布置本机组所有岗位的消防行动指南。

消防监督岗或其他人员使用消防行动指南后应及时将其归位；如因特殊原因导致部分消防行动指南不能复位，消防监督岗人员应及时通知运行管理科补配。

3.2.4　一般的灭火组织与核应急下的灭火组织

3.2.4.1　一般的灭火组织

双围墙内机组所属厂房（核岛、常规岛等，除公用部分）的二级干预由值长负责组织，其火灾应急响应流程如图 3-10 所示。

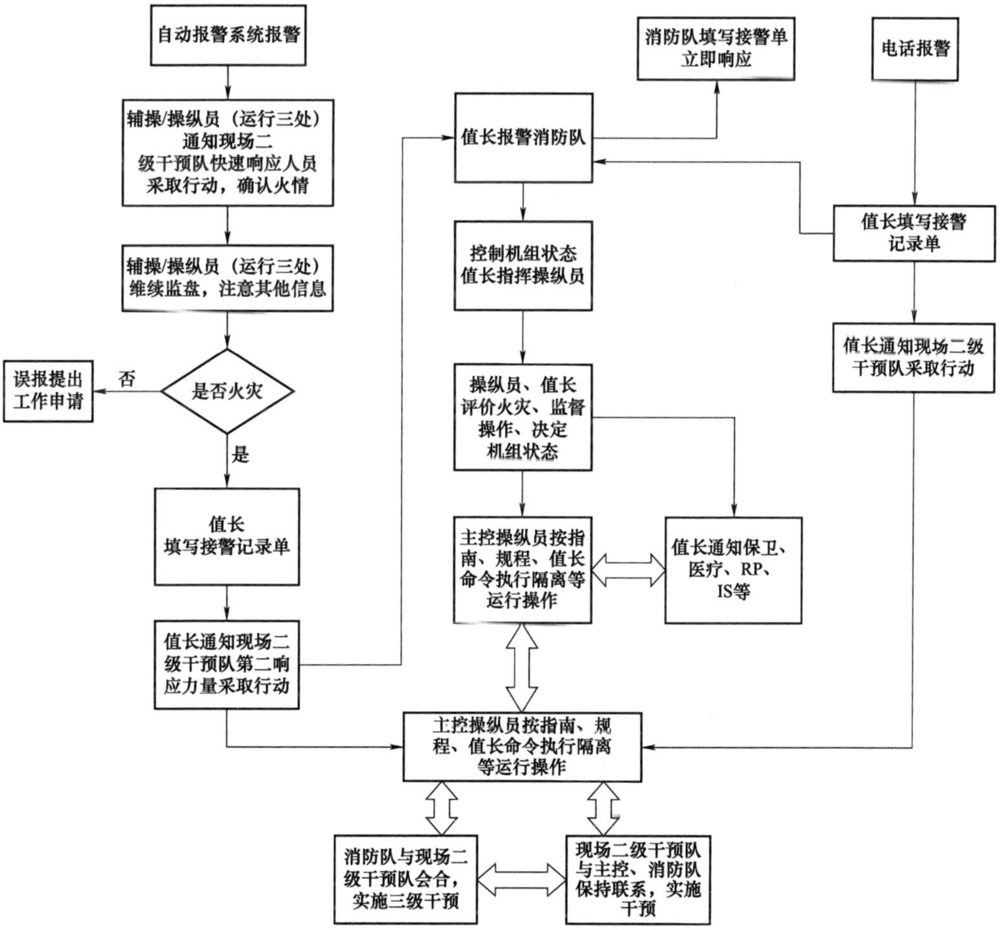

图 3-10　双围墙内机组所属厂房（除公共区域）的火灾应急响应

双围墙内公用厂房和双围墙外生产附属厂房的火灾应急响应无须启动二级干预队，直接由专职消防队展开扑救行动，其火灾应急响应流程如图 3-11 所示。

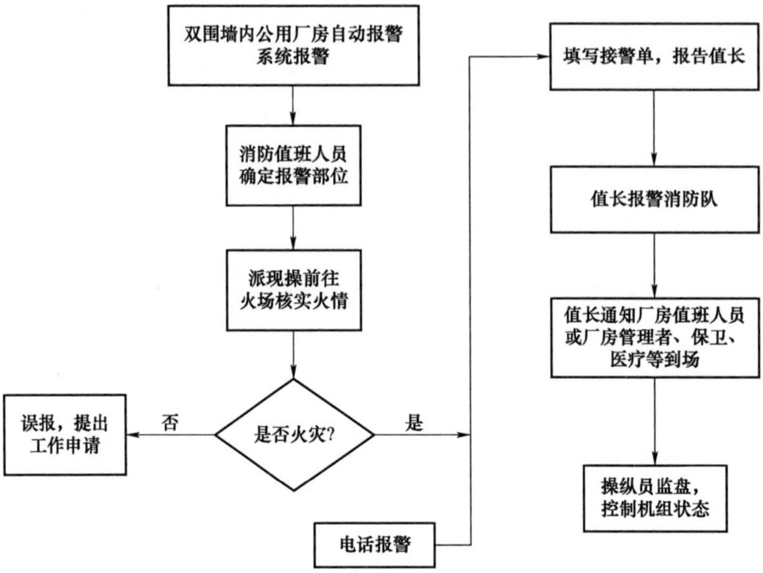

图 3-11　双围墙内公用厂房和双围墙外生产附属厂房的火灾应急响应

3.2.4.2　核应急启动情况下的灭火组织

火灾情况下，根据《田湾核电站场内应急计划》启动应急组织（见表 3-1 和表 3-2）。在核应急启动的情况下，火场指挥部各组服从应急指挥部的指挥，此时运行控制组（含现场二级干预队）将由应急指挥部领导。

表 3-1　1、2、3、4 号机组火灾情况下启动应急组织的条件

应急待命	厂房应急
在安全相关厂房的防火区内发生未影响安全系统可用性的火灾，且在 15 min 内不能扑灭	在安全相关厂房的防火区内发生影响到安全相关系统可用性的火灾
在下列任一厂房或构筑物的防火区内发生的在主控室接到通知或主控室报警并经证实 15min 内没有熄灭的火灾： i 核岛厂房： （a）安全厂用水泵房（UQB）； （b）新燃料贮存库（UKT）； （c）安全厂房（UKD）； （d）核服务厂房（UKC）； （e）辅助厂房（UKA）； （f）蒸汽间（UJE）； （g）反应堆厂房（UJA）； （h）控制厂房（UCB）； （i）应急柴油发电机厂房（UBS）； ii 常规岛厂房： （a）冷却水泵房和水处理厂房（UQA）； （b）汽轮机厂房（UMA）； （c）机组柴油发电机厂房（UBN）；	在下列任一厂房或构筑物的防火区内发生火灾，已经造成或很可能造成安全相关系统或设备不能运行： i 核岛厂房： （a）安全厂用水泵房（UQB）； （b）新燃料贮存库（UKT）； （c）安全厂房（UKD）； （d）核服务厂房（UKC）； （e）辅助厂房（UKA）； （f）蒸汽间（UJE）； （g）反应堆厂房（UJA）； （h）控制厂房（UCB）； （i）应急柴油发电机厂房（UBS）； ii 常规岛厂房： （a）冷却水泵房和水处理厂房（UQA）； （b）汽轮机厂房（UMA）； （c）机组柴油发电机厂房（UBN）；

续表

应急待命	厂房应急
iii 公用厂房、开关站区等： （a）运行服务楼（UYA）； （b）网控楼（UAC）； （c）500 kV 开关站（UAB）； （d）机组主变压器（BAT11、12 或 13）； （e）220 kV 开关站（UAD）； （f）高厂变： （g）启备变。	iii 公用厂房、开关站区等： （a）运行服务楼（UYA）； （b）网控楼（UAC）； （c）500 kV 开关站（UAB）； （d）机组主变压器（BAT11、12 或 13）； （e）220 kV 开关站（UAD）； （f）高厂变： （g）启备变。 【注意：若火灾已引发导致场区应急或场外应急的初始条件（见 A 类、F 类和 S 类），则应升级】

表 3-2　5、6 号机组火灾情况下启动应急组织的条件

应急待命	厂房应急
在保护区内发生的且在发现后 15 min 内不能熄灭的火灾，或发生爆炸	火灾或爆炸影响到核电厂安全系统的运行，使核电厂不能安全停堆或维持安全停堆状态
适用运行模式：全部	适用运行模式：全部
在下列任一厂房或构筑物内发生火灾，且主控室接到通知或主控室报警并经证实 15 min 内没有熄灭： a）反应堆厂房 b）核辅助厂房 c）电气厂房 d）燃料厂房 e）辅助给水箱厂房 f）连接厂房 g）重要厂用水泵房 h）柴油发电机厂房 电厂工作人员报告在保护区发生意外爆炸并可能导致永久性结构或设备的损坏	在下列任一厂房或构筑物内发生火灾或爆炸，导致构筑物明显损伤或主控室显示这些厂房内安全相关系统/设备性能降级： a）反应堆厂房 b）核辅助厂房 c）电气厂房 d）燃料厂房 e）辅助给水箱厂房 f）连接厂房 g）重要厂用水泵房 h）柴油发电机厂房

3.3　急救响应

3.3.1　现场急救的概念和意义

现场急救严格讲称为院前急救（包括：急救事故现场和途中转送两部分）是针对人员在医院以外的地方发生的各种损伤事故或突发疾病所采取的紧急救护措施。

现场急救的意义：维持生命，争取时间；减少损害，减轻痛苦；保护功能，减少致残。

现场急救课程的重要性有：

建立良好的急救意识；

对工业安全的重要补充。

厂内急救程序启动：

1）目击者发现伤员；

2）呼救报告；

对象：主控室（双围墙内）或现场医务室（双围墙外）；

内容：伤员所处位置、受伤人数、致伤因素、大致伤情；

要求：在 JNPC 现场发生灾害或事故，双围墙外目击者（包括伤病员自己）应当立即报告现场医务室；双围墙内应立即报告主控。报告的内容包括时间、地点、受伤人数、致伤因素、报告者的电话号码、报告者的姓名和所在部门，需等到对方挂机后才能挂机，如果可能，应当留 1 人守在电话机旁。值长应协调好接应人员（现操、保安等）和医护人员，必要时发出打开某些通道的命令，以方便医务人员迅速到达现场。

3）自救互救：根据现场急救原则，使用掌握的急救技术。

现场急救和伤员处理的基本原则有：

1）迅速消除致伤因素：脱离电源，扑灭火焰；

2）维持伤员基本生命体征：强调就地心肺复苏；

3）先重后轻：复合伤、多发伤优先处理；

4）简单、迅速、有效地处理伤员伤情；

5）及时安全转送伤员到医院。

3.3.2 心肺复苏

3.3.2.1 临床死亡和生物学死亡的概念

触电、严重头胸部外伤、大量出血、心脏病突然发作、窒息、急性中毒都可造成循环功能停止。呼吸循环功能停止后的一段时间，组织细胞特别是脑细胞的新陈代谢过程并未停止，这段时间在医学上称为“临床死亡”。对于“临床死亡”的伤员，如果不施行有效的救治，伤员组织细胞的新陈代谢过程就会完全停止，导致所谓“生物学死亡”。现代医学认为“临床死亡”是可逆的，只要我们对伤员采取及时有效的急救措施，伤员就有可能“存活”下来。心肺复苏就是为了维持伤员最基本的呼吸循环功能而临时紧急采取的一种人工方法。它可以挽救伤员的生命，减少死亡率和致残率，为系统的医学救治争取宝贵的时间。

据资料统计，心脏骤停后的 3～4 min 内心室纤维性颤动约占 90%，室颤是心脏骤停最主要的表现形式和病人死亡的一个主要原因，室颤持续 2～3 min，此外心肌的应激性是增高的，如果在 4 min 内施行心肺复苏术，患者存活的机会为 50%，我们将 4 min 定为心肺复苏的“黄金时间”；4～6 min 内施行心肺复苏术，患者存活的机会为 10%；6 min 开始施行心肺复苏术，患者存活的机会为 4%；10 min 后抢救，患者存活机会就不大了。因此，掌握初期心肺复苏术（现场徒手心肺复苏术），对抢救伤员有着十分重大的意义。

3.3.2.2　心肺复苏的基本原理

1）正常成人在静息状态下的生理表现

呼吸频率：12～20 次/min；

心率：60～100 次/min；

血压：16/10.7 kPa（120/80 mmHg）；

潮气量：500 mL 左右。

当收缩压在 8～12 kPa（60～90 mmHg）时，可满足肾及大脑的供血，人工胸外按压可以使收缩压达到或超过 60 mmHg。大气中氧浓度为 21%左右，人体呼出气体中含氧 16%左右，氧的交换率 4%～5%，人工呼吸是有意义的。

2）呼吸心跳停止后的伤员即刻表现

全身肌肉松弛。其中松弛的下颌肌群及舌肌可以下坠阻塞气管，造成气道不通畅；

脑组织缺血缺氧。脑细胞产生的能量，只能维持其本身细胞代谢 4～6 min；

肺组织呈半萎状态。

3）心肺复苏的三个关键步骤

心肺复苏就是针对上述伤员的病理状态，通过以下三个关键步骤使伤员恢复前述的生理状态：

开放气道：通过拉开下颌肌群及舌肌，使气管开放，呼吸道通畅，有利于气流流动；

人工呼吸：口对口或口对鼻人工呼吸能扩张萎缩的肺组织，保证氧的供应；

胸外按压：通过“胸泵”机制和心泵的作用，使动脉收缩压达到 13.3 kPa（100 mmHg），满足皮肤、脑组织的供血，但是，胸外按压由于产生的动脉舒张压过低，不能满足心肌的供血需要，因此只有尽快地恢复自主呼吸和自主心跳才能满足心肌的供血。

4）心跳停止的表现及判断

呼吸心跳停止的伤员，不仅表现出呼吸、循环功能的丧失，还可以出现神经系统的某些表现。

了解这些异常表现并能给予正确判断是进行现场心肺复苏的前提，如表 3-3 所示。

表 3-3　常温下心跳停止的时间和表现

心跳停止时间/s	表现
3	头晕
10～20	昏厥
30～40	抽搐，瞳孔散大
60	呼吸停止，大小便失禁
240～360	脑细胞开始发生坏死
>600	脑细胞坏死

心跳停止的判断：

① 意识丧失；

② 大动脉搏动消失（主要指颈动脉、股动脉的搏动）；

③ 心音消失；

④ 新鲜伤口不出血；

⑤ 瞳孔散大等。

注意：在事故现场我们主要依靠伤员的意识状态和大血管搏动来判断伤员是否呼吸心跳停止。千万不可因“认真”听有无心音，“细致检查”有无呼吸运动等来判断伤员是否心跳呼吸停止，从而延误了对伤员的心肺复苏。

现场急救时心跳停止的判断：意识丧失、大动脉搏动消失。

3.3.2.3 心肺复苏的基本过程及操作方法

1）心肺复苏的启动顺序

发现倒地无意识的伤员一定要冷静。按下列顺序立即开始心肺复苏：

① 判断意识；

② 呼救报告；

③ 放好体位；

④ 开放气道；

⑤ 判断呼吸；

⑥ 人工呼吸；

⑦ 判断心跳；

⑧ 胸外按压。

2）心肺复苏的具体操作步骤

① 判断意识

常用方法是“轻拍”“轻摇”“大声叫”，如图 3-12 所示。

轻拍：就是轻轻拍击伤员的肩背部；

轻摇：就是轻轻摇动伤员的身体；

大声叫：就是大声呼叫伤员的姓名或大声呼喊伤员。

此外，还可以用力按压伤员的“人中”“合谷”等某些敏感的穴位，通过上述方法，伤员仍无反应，可以认定伤员意识丧失。要注意可疑有头颈部受伤的伤员不可摇动其头部，也不要按压有伤口处的穴位。

② 放好体位

伤员如果是侧卧位或俯卧位时，应该将伤员一侧上臂上举，顺势小心将伤员置于仰卧位。伤员的背后必须是平坦的地面或木板，同时还需松开伤员的领扣、裤带等，必要时还需取出伤员的义齿，如图 3-13 所示。

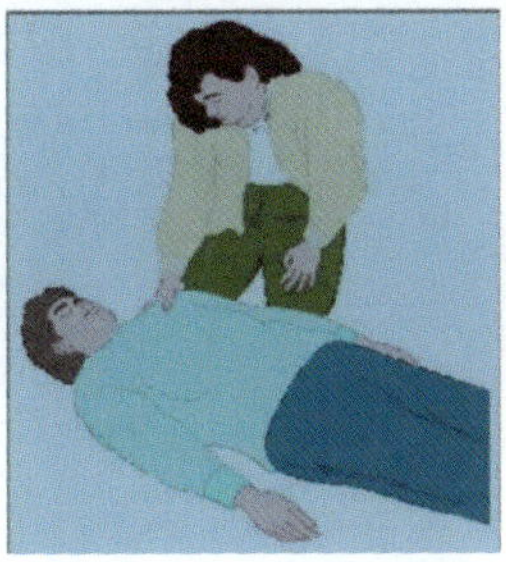

图 3-12　判断意识

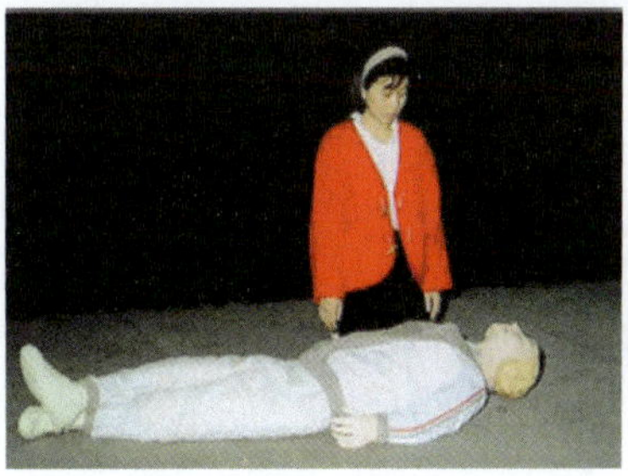

图 3-13　放好体位

③ 开放气道

在整个心肺复苏过程中都始终保持开放气道（见图 3-14 和图 3-15）。常用三种方法：

仰头抬颏法：简单、有效、最常用，它要求抢救者用一手手指扶住伤员的颏下部，向上向后抬起颏部，另一手放置伤员额部，向下后用力协助将伤员的颏部抬起。

仰头抬颈法：也是常用的开放气道方法。它要求抢救者一手放置伤员额部，向下后用力，另一手掌放置伤员颈后向上前用力协同使气道开放。

托颌法：怀疑颈椎损伤的伤员，只能用托颌法开放呼吸道，它要求抢救者位于伤员头部上方，两肘关节支撑地，两手分别放在伤员下颌骨下方，用力将下颌角托起。

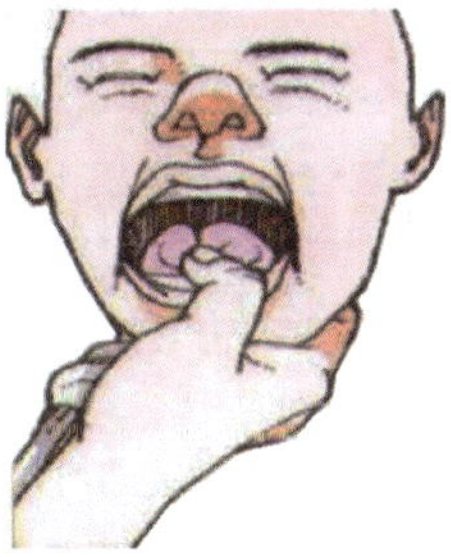

图 3-14　检查咽喉异物

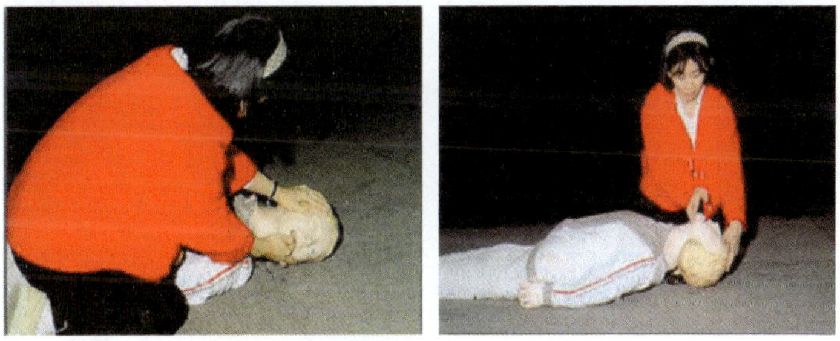

图 3-15　清除呼吸道异物和开放气道（仰头抬颌法）

④ 判断呼吸

判断呼吸最常用的方法就是“看”“听”“试”，要求三个动作同步完成，即“一步三到位”（见图 3-16）。

看：就是抢救者看伤员胸腹部有无呼吸运动；

听：就是抢救者听伤员的鼻腔和口腔有无呼吸气流声；

试：就是在听的同时，抢救者用面部感觉伤员有无呼吸气流。

⑤ 人工呼吸

当判定伤员呼吸停止，就应立即给予伤员两大口救生呼吸（口对口或口对鼻吹气）。其方法是抢救者深吸一口气后，用自己的嘴包住伤员的嘴，捏住伤员的鼻子，使之不要漏气，用力吹气，气量 800～1 200 mL，时间 1～1.5 s，然后放松病员鼻孔，反复一次（见图 3-17）。

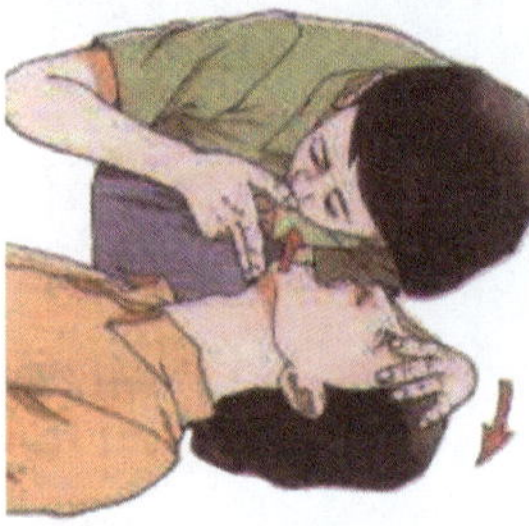

图 3-16　检查呼吸

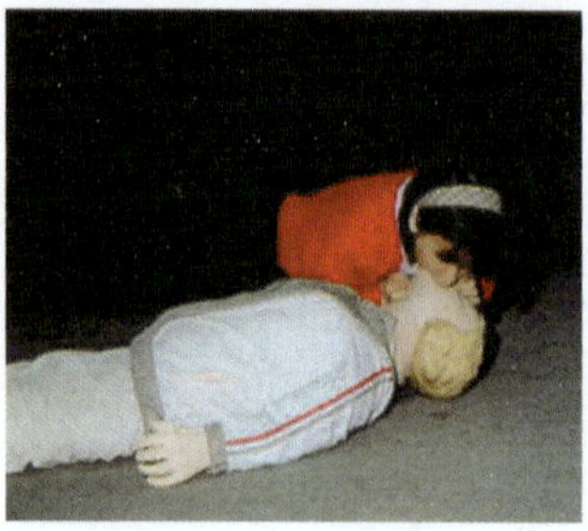

图 3-17　人工呼吸

⑥ 判断心跳

判断心跳常用“二指法”。即抢救者用食指和中指触摸伤员的颈动脉或股动脉有无搏动（见图 3-18）。位置：颈动脉在气管外侧、胸锁乳突肌内侧；股动脉在大腿根部中部偏内侧。

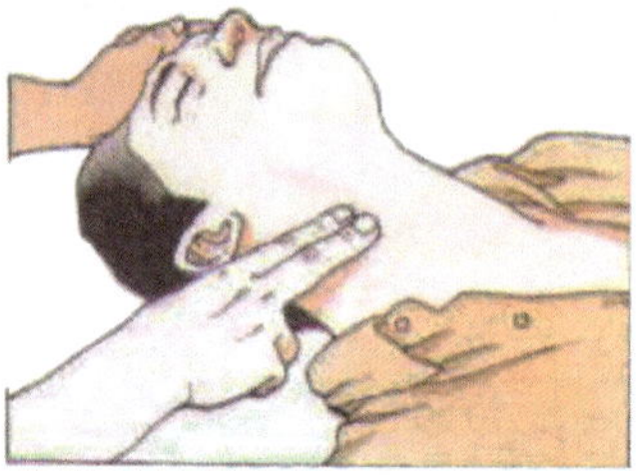

图 3-18　判断心跳（颈动脉）

⑦ 胸外按压

胸外按压（见图 3-19）必须注意以下问题：

按压部位：胸骨中下 1/3 交界处或剑突上二指；

按压姿势：髋关节为支点，两手掌根交叉重叠置于按压部位，肘关节伸直，肩关节位于按压部位的上方，掌跟发力；

按压深度：胸骨下陷 4～5 cm；

按压频率：80～100 次/min。

按压与吹气交替进行，比例：30:2（2015 版心肺复苏指南）。

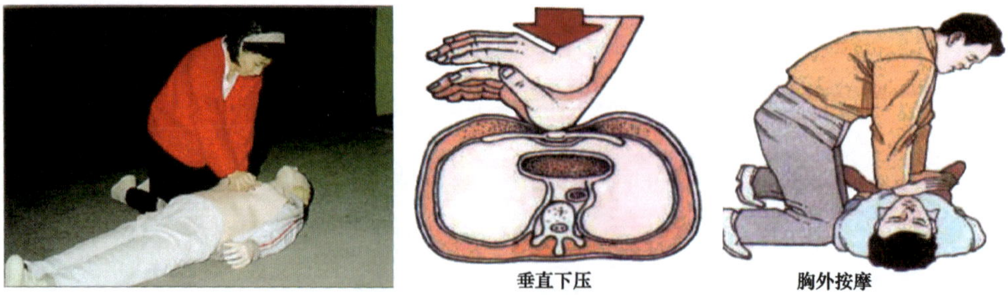

图 3-19　胸外按压

3.3.2.4　心肺复苏对抢救者的要求及心肺复苏口诀

1）心肺复苏对抢救者的要求

① 动作迅速、头脑清醒

完成判断意识，摆正体位，开放呼吸道，开始的两大口人工呼吸等步骤都分别要求时间限制在 5 s 内完成，判断有无心跳最多只能用 10 s。简而言之，抢救者必须在 50 s 之内为伤员建立起有效的人工呼吸和循环功能。

② 动作准确、操作有效

伤员必需平卧于平坦地面或木板上，松开领扣、领带，整个过程必须保持呼吸道通畅，注意清除口腔内异物，人工呼吸和胸外按压交替间隙时间不应超过 3 s，口对口人工呼吸时鼻腔不能漏气，人工呼吸的气量、频率，胸外按压的部位、深度、频率，呼吸按压比及操作姿势要准确，并在前 4 个循环后要检查伤员的意识、心跳、呼吸恢复情况，有心跳无呼吸可只做人工呼吸，有呼吸无心跳可只做胸外按压。

③ 坚持复苏、及时判断

除非伤员恢复良好的自主呼吸和心跳，否则在医务人员到达之前不应放弃心肺复苏。心肺复苏有效指标是：可触及大动脉搏动、面色转为红润、瞳孔开始缩小、眼球或肢体开始活动。

2）心肺复苏口诀

轻拍轻摇大声叫，仰头抬颏开气道，有无呼吸试看听，吹气按压交替行。

3.3.2.5　呼吸道异物清除法

1）概念

呼吸道异物清除法是清除气管或支气管内异物的方法，目的是解除窒息。

2）方法

对清醒伤员，抢救者应位于伤员后面，一手握拳，使拳的虎口处对准伤员上腹部脐以上正中 2 cm 处、用另一手抓住拳头，然后抱住伤员突然向上腹部的上后方发力，使其异物吐出。

对昏迷伤员，抢救者让伤员平卧地面或硬板上，用手掌根部对准伤员上腹部脐以上正中 2 cm 处，突然向上腹部的上后方发力，使其异物吐出。

3）注意事项

操作过程要短促有力，产生足够的腹腔压力，同时不要损伤腹腔脏器。

3.3.2.6　口腔异物清除法

1）概念

清除昏迷伤员口腔异物的一种方法，目的是保持呼吸道的通畅，防止伤员窒息。常用于溺水、昏迷呕吐的伤员。

2）方法

抢救者一手手心朝上，用拇指和食中指捏住伤员面部。使其口腔张开。并使伤员头略偏一侧，牙关紧闭者可配合使用开口器。抢救者用另一手指裹住纱布从伤员的口腔边缘进入伤员口腔底部，按从边缘向中间，从后面到前面的顺序经过伤员牙齿舌面将口腔异物掏出。操作过程要防止伤员无意咬伤抢救者手指。

3.3.2.7 心前区叩击法

1）概念

心跳骤然停止时可能使心跳恢复的一种方法。

2）作用机理

刺激心脏起搏点，恢复起搏；当叩击心前区时，由于叩击的振动，作用于心脏，可以产生几个焦耳的能量，此能量作用于心脏窦房结，可使窦房结恢复自主节律性。

3）使用时机

某种原因突然使心跳停止，时间不到 1 min，而病因主要不是缺氧，如心脏病发作、溺水、触电等，常在心肺复苏前使用。

4）方法

应正确判断心跳是否真的停止。如心跳停止，抢救者可握拳用拳的小鱼际部对准伤员的胸骨左缘第三、第四、第五肋处猛击。一般拳高离伤员 30 cm 左右，用力要掌握好，千万不可造成内脏损伤或肋骨骨折。叩击一次后应判断有无心跳，仍无心跳可重复 2～3 次，重复次数多不仅无效还会迟缓心肺复苏。

3.3.3 现场外伤急救

外伤是一切外源性伤害的总称，对外伤的现场急救，我们通常采用止血、包扎、固定、搬运四大技术。要求止血要切实有效，包扎要牢固，固定要稳妥，搬运后送要安全迅速。

3.3.3.1 止血

1）概念

出血：流动的血液经破损的血管壁，流到血管外的过程。

出血分为内出血和外出血。

内出血：是指流动的血液经破损的血管壁，流到皮肤、黏膜、胸、腹、盆腔以及组织间隙；

外出血：是指流动的血液经破损的血管壁，流到皮肤黏膜外。

根据血液流出的血管的不同，出血又可分为三种：

动脉性出血：血液呈鲜红色，喷射状，出血与心跳同步，不易止血；

静脉性出血：血液呈暗红色，涌状，大静脉出血也不易止血；

毛细血管出血：滴状或渗出，稍压迫就可止血。

人体的血容量：正常成人血容量约占体重的 8%，为 4 500～5 000 mL。当人体发生外伤出血时，若不及时控制出血，出血量超过人体血容量的 20%，约 1 000 mL 时，就有发生失血性休克的危险。若出血量超过人体血容量的 40%，约 2 000 mL 时，就会有生命危险。

止血是一种控制血液继续流失的急救措施。现场急救时，主要是针对外出血进行止血。当发生大、中血管破裂出血时，要及时采取止血措施，避免发生失血性休克甚至生命危险。

2）常用三种止血方法

① 压迫止血法

用干净的敷料覆盖出血部位，然后用手直接压迫出血部位，可止住毛细血管或小静脉出血。止血后行加压包扎术能达到继续止血和保护伤口的目的。

② 指压止血法

根据动脉的行走方向，在出血部位的近心端骨骼表面，压住动脉搏动，可暂时止住远端的大出血。

以下是几个常用的动脉压迫点。

颈总动脉压迫点：位于气管与胸锁乳突肌之间。用于头颈部大出血，但严禁同时压迫两侧的颈总动脉，否则可能引起严重脑缺血而发生昏厥；颈动脉内壁有压力感受器和化学感受器，不易压迫时间过长或揉压，否则可能会引起心跳过慢或血压下降等意外；有颈椎骨折时慎防颈动脉被骨折片刺破。所以，除非头部、口腔、颈部大出血，一般不采用压迫颈动脉的方法。

面动脉压迫点：在下颌骨前面中部压迫双侧面动脉可止住面部出血。

颞浅动脉压迫点：压迫耳屏前上方动脉可止住同侧额面部出血。

锁骨下动脉压迫点：锁骨上凹内侧，向下后对准第一肋骨压迫可止住肩、腋窝部出血。

腋动脉压迫点：腋窝中心向肱骨头方向压迫，可止同侧上肢出血。

肱动脉压迫点：腋窝与肘关节之间，肱二头肌内侧压向肱骨干，可止住压迫点之下的上肢出血。

股动脉压迫点：在腹股沟中点内侧，向耻骨压迫，可止住同侧下肢大出血。

③ 止血带止血法

仅用于四肢大中动脉出血而其他止血方法效果不好时。

应选用橡皮止血带、弹力止血带、布条止血带、忌用金属、丝、麻绳、尼龙绳等。

上止血带的部位在出血部位的近心端，绕肢体一圈打一个活结，压力适中，应加用布垫。

必须记录上止血带的开始时间，每 30 min 放松 0.5～1 min。

使用止血带的时间原则上不超过 5 h。

3.3.3.2 包扎

1）概念

包扎是针对皮肤及皮下组织损伤而采取的一种急救措施。

包扎可以达到止痛、止血和防止感染的目的。

2）材料和方法

材料：三角巾、四头带、绷带、纱布，或干净的衣服、被单、毛巾等。

方法：头部包扎法、风帽式包扎法、上肢悬吊包扎法、螺旋法等。

三角巾可叠成带状或展开成燕尾式，有很多种包扎方法：

头部包扎法：底边中点落在眉心，顶角垂于枕角后，底角向后交叉至额部打结，固定顶角；

风帽式包扎法：顶角打结套在眉心，底边中点放在枕部，底角反折经下颌绕到枕后打结；

面具式包扎法：顶角打结套在下颌，罩住头面部拉到枕后，底角交叉到额部打结，在眼鼻口开窗；

腹部包扎：顶角与底角绕大腿根部一圈打结，另一底角经腹绕腰与底部打纽扣结；

上肢悬吊包扎法：上肢屈曲 180°，放在三角巾中间，包住前臂后两底角在颈后打结，顶角用安全针固定。

展开的三角巾也可用于肩、手、足、残肢的包扎，叠折成带状的三角巾可用于包扎额、下颌、眼部等处。

四头带有长约 160 cm 四根带子附在厚纱布垫上，用于四肢和胸部的包扎时不易滑脱，对胸部损伤时用外层橡皮布压在纱布垫外边，可增加密封的效果。

绷带对肢体和头部包扎有效。缠绷带时要用力均匀，第二圈应压住第一圈的 1/2～2/3，即将包扎完时在同一平面绕 2～3 圈，将末端撕成二股，交叉绕肢体一圈打结，也可用胶布将末端固定。绷带的基本缠法有：

环绕法：适于额、颈、腕、腰部伤；

螺旋法：多用于躯干及四肢伤；

螺旋反折法：用于肢体粗细不均的部位，由细向粗处缠，每缠一次即反折一次；

“8”字形法：常用于关节及锁骨骨折者；

“蛇”形法：螺旋形缠绕，每周互不覆盖，常用于维持敷料或夹板，松解较方便；

双绷带回返法：常用于头部。

3.3.3.3 固定

1）概念

固定是对骨折采取的一种急救措施，分内固定和外固定两种。现场急救时，常用外固定术处理四肢骨的骨折。

2）目的

减轻疼痛、预防休克、防止血管神经损伤、防止闭合性骨折变为开放性骨折、便于后送。

3）注意事项

尽可能将骨折肢体牵引为正常位（但不要求复位）。

固定材料可选用夹板、木板、硬纸板、伞把和布条、绷带等。

固定范围应超过骨折部位的上下的两个关节。

未清创的伤允许包扎伤口后，固定在衣裤外。

固定松紧适当，避免皮肤神经受压，在骨关节凸起部位可适当加垫棉花、纱布。

要暴露出固定肢体的末端以便观察骨折肢体的颜色、感觉、温度以及判断骨折肢体的血液循环及神经受损情况。

常用骨折固定方法有上肢损伤的固定和下肢损伤的固定。

① 上肢损伤的固定

三角巾固定法：用一块、两块三角巾均可，也可用绷带缠绕法，缺乏包扎材料时，可用自身衣服前下角斜剪后包扎固定。

夹板固定法：效果较好，上臂骨折最好用直角形木夹板。可用伸直位固定或屈曲位固定。

几种固定法联合应用更为稳妥。

② 下肢损伤的固定

自体固定法：即将伤肢固定于健肢上。先将患肢牵直，于骨隆突处及膝关节间衬垫好，然后在双腿及臀部用三角巾或绷带固定 4～5 道。此法膝关节易弯曲，伤员不舒服，难以耐受较长时间。

简便夹板固定法：胫腓骨骨折时固定范围要超过膝、踝关节，股骨骨折时则下达踝关节，上达腰部或腋部，下肢内外侧各置一块夹板固定效果更好。几块短小木板不如一块长的扁担或竹板固定，固定物一定要有足够的长度。

3.3.3.4　搬运

1）概念

针对不能行走或不宜行走的伤员而采取的一种转送伤员的方法。常用工具有毛毯、担架、木板等。

2）工具

担架或门板需 3～4 人。手推车只能在平坦道路上用。船舶运送较平稳，但此三种办法速度较慢。汽车运送应注意尽量减少颠簸。直升飞机为后送危重病人为理想工具，能够争取时间得到早期诊治，可及时挽救病人的生命。

3）方法

人背、抱法：适于轻病人。

双人座椅式搬运法：适于头部轻伤病人。

双人拉车搬运法：用于轻病人，不适于脊柱或腹部伤病人。

4）不同部位损伤搬运时的体位要求

颅脑伤：半俯卧位或侧卧位，易于保持呼吸道通畅和排出呕吐物，头部要垫好。

开放性气胸：搬运已封闭气胸的病人需用半坐位，坐椅式双人搬运法或单人抱、扶。

腹部伤：一般用平卧位，若严重腹部伤有肠子脱出，可用腰带围成圈围住肠子或肠子上放纱布后再扣上碗，然后包扎固定，后送。

脊柱脊髓伤：禁止一人背、抱或二人徒手搬抬法运送病人，以免加重脊髓损伤。应该用硬质担架或门板。颈部损伤需一人牵拉头部，其他人保持平直地抬或“滚”动到担架上，颈下放小软枕，头部两侧用沙袋或枕头、书本固定。胸腰椎骨折时一人抬肩胛部，一人扶腰、臂，另一人扶住伸直而并拢的两下肢，平直地将伤员抬或“滚”到担架上，腰胸部下垫 10 cm 高的垫子，禁止病人坐起或自行翻身。搬运脊柱骨折伤员的方法正确与否，直接影响脊髓截瘫的发生。

5）注意事项

密切观察伤员的呼吸、脉搏和神志的变化，伤口渗血的情况，及时地妥善处理后再后送。

注意：① 保持伤员的特定体位；

② 头颈部伤的体位和呼吸道畅通情况；

③ 观察上夹板伤员肢体末端循环情况，有循环障碍要立即处理。

除腹部伤和严重颅脑外伤外，可给伤员适量饮水。

3.3.4 中暑

中暑是在暑热季节、高温和（或）高湿环境下，由于体温调节中枢功能障碍、汗腺功能衰竭和水电解质丢失过多而引起的以中枢神经和（或）心血管功能障碍为主要表现的急性疾病。根据临床表现，中暑可分为先兆中暑、轻症中暑、重症中暑。其中重症中暑又分为热痉挛、热衰竭和热射病。热射病是最严重的中暑类型。

1）病因

产热增加在炎热高温季节或高温、高湿通风不良环境下劳动，防暑降温措施不足等。

机体散热减少环境温度、湿度高，通风不良，汗腺功能障碍等。

机体热适应能力下降年老体弱、产褥期女性及患有心脑血管疾病等基础病的患者热适应能力相对较弱，同等环境下更易发病。

2）中暑临床表现

根据我国《职业性中暑诊断标准》(GB 11508—1989)，中暑分为先兆中暑、轻症中暑、重症中暑。

先兆中暑：在高温环境下，出现头痛、头晕、口渴、多汗、四肢无力发酸、注意力不集中、动作不协调等，体温正常或略有升高。

轻症中暑：除上述症状外，体温往往在 38 ℃以上，伴有面色潮红、大量出汗、皮肤灼热，或出现四肢湿冷、面色苍白、血压下降、脉搏增快等表现。

重症中暑：包括热痉挛、热衰竭和热射病。

热痉挛是突然发生的活动中或者活动后痛性肌肉痉挛，通常发生在下肢背面的肌肉群（腓肠肌和跟腱），也可以发生在腹部。肌肉痉挛可能与严重体钠缺失（大量出汗和饮用低张液体）和过度通气有关。热痉挛也可为热射病的早期表现。热衰竭是由于大量出汗导致体液和体盐丢失过多，常发生在炎热环境中工作或者运动而没有补充足够水分的人中，也发生于不适应高温潮湿环境的人中，其征象为：大汗、极度口渴、乏动头痛、恶心呕吐，体温高，可有明显脱水症状如心动过速、直立性低血压或晕厥，无明显中枢神经系统损伤表现。热衰竭可以是热痉挛和热射病的中介过程，治疗不及时，可发展为热射病。

热射病是一种致命性急症，根据发病时患者所处的状态和发病机制，临床上分为两种类型：劳力性和非劳力性热射病。劳力性者主要是在高温环境下内源性产热过多，多见于健康年轻人，常因重体力劳动、体育运动（如炎热天气中长距离的跑步者）或军训时发病。高热、抽搐、昏迷、多汗或无汗、心率快，它可以迅速发生。其非劳力性主要是在高温环境下体温调节功能障碍引起散热减少（如在热浪袭击期间生活环境中没有空调的老年人），它可以在数天之内发生。其征象为：高热（直肠温度≥41 ℃）、皮肤干燥（早期可以湿润）、意识模糊、惊厥，甚至无反应，周围循环衰竭或休克。此外，劳力性者更易发生横纹肌溶解、急性肾衰竭、肝衰竭、DIC 或多器官功能衰竭，病死率较高。

3）中暑检查

血、尿常规：白细胞总数和中性粒细胞升高，蛋白尿和管型尿。

肝、肾功能与电解质检测：严重病例常出现转氨酶升高、血肌酐和尿素氮升高、肌酸激酶（CK）和乳酸脱氢酶（LDH）升高、电解质紊乱、凝血机制异常。

心电图：多表现为快速型心律失常。一般为窦性心动过速，室性早搏，有时也可表现为心动过缓，可伴有 T 波及 ST 段异常。

CT 检查：方便、迅速而安全，尤其是对于急诊患者能较快做出排除性诊断，对争取时间抢救患者起到重要作用。

血气分析：常提示代谢性酸中毒和呼吸性碱中毒，高乳酸血症、低氧血症等。

4）中暑诊断

发病季节、高温和（或）高湿环境及临床表现（高热、昏迷、抽搐）是中暑诊断的关键，也应注意除外其他器质性疾病。

5）中暑治疗

① 先兆中暑与轻症中暑的治疗

立即将患者转移到阴凉通风处或电风扇下，最好移至空调室，以增加辐射散热，给予清凉含盐饮料。

② 重症中暑的治疗

降温治疗：快速降温是治疗的首要措施

体外降温：迅速脱离高温高湿环境，转移至通风阴凉处，将患者平卧并去除全身衣物，对皮肤肌肉按摩，促进散热。无循环障碍者，冰水擦拭（冰水浴）或将躯体浸入 27～30 ℃水中降温。对循环障碍者，采用蒸发散热降温，用凉水反复擦拭皮肤，同时应用电风扇或空调加快蒸发。

体内降温：体外降温无效者，用冰盐水进行胃或直肠灌洗，也可用无菌生理盐水进行腹膜腔灌洗或血液透析，或将自体血液体外冷却后回输体内降温。

药物降温：患者出现寒战时可应用氯丙嗪静脉输注，同时监测血压。

③ 对症处理

昏迷患者应保持呼吸道畅通，给予吸氧，必要时气管插管。

积极纠正水、电解质紊乱，维持酸碱平衡。

补液速度不宜过快，以免触发心力衰竭，发生心力衰竭予以快速效应的洋地黄制剂。

应用升压药纠正休克。

疑有脑水肿患者应给甘露醇脱水。

有急性肾衰竭患者可进行血液透析。

发生弥散性血管内凝血时酌情使用肝素，需要时加用抗纤维蛋白溶解药物。

肾上腺皮质激素对高温引起机体的应激和组织反应以及防治脑水肿、肺水肿均有一定的效果，但剂量不宜过大，用药时间不宜过长，以避免发生继发感染。

积极防治感染。

④ 监测

体温监测：降温期间连续监测体温变化。

监测尿量：保持尿量＞30 mL/h。

凝血功能监测：严密监测凝血酶原时间、部分凝血活酶时间、血小板计数和纤维蛋白原。

3.4 化学品房间危险化学品泄漏应对

3.4.1 应急处置原则

及时控制危险源泄漏、及时汇报现场情况，抢救现场受害人员，指导现场人员的防护，必要时组织人员撤离。

如发生人员伤害事故，第一时间拨打值长（双围墙内）或现场医务室（双围墙外）电话，根据受伤人数及受伤情况按照医学急救管理或事故/事件处理医学应急预案开展医疗救护；如危险化学品出现火情，按《火灾事故应急预案》（EP-TW-209）执行。

3.4.2　事故发生的区域或装置的名称

事故发生的系统及区域见表 3-4。

表 3-4　事故发生的系统及区域

系统	区域
GCP30 系统：离子交换器再生用酸系统	UQA12
GCP40 系统：离子交换器再生用碱系统	UQA04
QCB 系统：硝酸接收系统	UKC08
QCJ 系统：盐酸接收及贮存系统	UKC08
QCD 系统：碱接收及贮存系统	UKC08
QCE 系统：联氨水溶液接收及贮存及制备系统	UKC08/14
QCF 系统：氨水溶液接收及贮存及制备系统	UKC14/20
KBD 系统：一回路化学试剂制备及供应系统	UKC14
LDN 系统：二回路水化学工况监测系统	UQA12

3.4.3　发生危险化学品泄漏时工器具的选择

应急物资清单见表 3-5。

表 3-5　应急物资清单

序号	物品	数量（不少于）	位置及备注
1	正压空气呼吸器	1 套	化水控制室
2	防酸碱服	2 套	化水控制室
3	过滤式全面罩	2 个	化水控制室
4	过滤式半面罩	2 个	化水控制室
5	耐酸碱手套	4 双	化水控制室
6	防溅面屏	2 个	化水控制室
7	防酸碱靴	2 双	化水控制室
8	20 m 塑料清洗水管及收纳箱	5 根	UQA12160/04350/UKC08112UKC08m 厂房外/UKC08110 每个房间一套
9	存放水管的收纳箱	5 个	UQA12160/04350/UKC08112UKC08m 厂房外/UKC08110 每个房间一个
10	中和用的碱面（碳酸钠）	50 kg	UQA12160/UKC 干化学试剂间每个房间至少 25 kg
11	存放碱面的收纳箱	1 个	UQA12160 房间存放碱面

3.4.4　现场自救和互救注意事项

1）如果发现严重泄漏，接触就感觉不适，应立即脱离现场到室外空气新鲜处，如果已接触皮肤和眼睛应立即用水冲洗至少 15 min，严重者就医；

2）应从上风、上坡处接近现场，严禁盲目进入；

3）先人后物：先抢救人员，后抢救财物；

4）先重后轻：先抢救重伤员，后抢救轻伤员。

3.4.5 采取救援对策或措施方面的注意事项

注意事项如下：

1）发现漏酸、漏碱、漏氨和联氨或发现异常现象（闻到酸味、氨味、看到酸雾、罐的液位不正常上升或下降等）时，应立即停止相关系统操作；立即穿好酸碱防护服、防酸碱靴、呼吸面罩等，必要时还应戴好正压空气呼吸器，进行实地检查，查找泄漏点，判断泄漏量大小，并立即向值长汇报；

2）发现泄漏点后化水现操立即采取一切可能的措施防止事故的扩大，尽量减少事故的损失，将泄漏点进行隔离，排除系统压力或倒出介质；

3）化水现操在事故处理期间，在保证人身安全的前提下，不得擅离岗位，如需离开，应向值长请假，并报告去向，得到批准后方可离开；

4）在值长的指挥下进行处理，化水值班人员担当本值内执行本处置方案及直接处理事故的全面责任，事后写出详细报告；

5）如果发现严重泄漏，接触就感觉不适，应立即脱离现场到室外空气新鲜处，如果已接触皮肤和眼睛应立即用水冲洗至少 15 min，严重者就医；

6）分别向酸、碱、氨、联氨计量箱输送盐酸、碱、氨水、联氨时，应该熟知酸、碱、氨、联氨在管线中的传输时间，并应检查对照储罐液位的下降与计量箱液位的上升是否匹配来验证，如果不符合，应立即停止运行，进行仔细检查；

7）盐酸、硝酸、氨、联氨都具有挥发性，其储罐都有溢流管，溢流管如没有水封，盐酸、氨、联氨就会散发出来，为此在输送巡回检查时检查房间是否有异味及水封中是否有水；

8）严格控制各厂房危险化学品总的存储量，一旦发生储罐泄漏可以及时全部倒出，尽可能减少危险化学品的泄漏量；

9）人员应遵守电站工业安全与消防规定，做好个人防护。

3.4.6 使用抢险救援器材方面的注意事项

1）正压式空气呼吸器使用中应该注意气瓶压力，当残气报警器发出 90 dB 的连续声响报警时，应立刻撤离至安全区域；

2）面部全面罩使用前需要检查滤盒是否在有效期。

3.4.7 佩戴个人防护器具方面的注意事项

在作业区域操作危险化学品时，操作人员应根据危险特性，穿戴相应的劳动防护用品，如防护眼镜、手套、防毒口罩、防护服等。

3.4.8 防护和救护

1）根据事故现场危险物料的毒性、划定的危险区域及可能造成的影响程度，确定相应的事件和防护措施及级别。在采取救护措施前，应佩戴必要的防护用具；

2）启动房间内冲洗水、风机等应急物资的使用，消防水作为 GKC 水的备用水源当 GKC 系统被隔离后，启用消防水作为冲洗水；

3）泄漏情况较严重，要求两人或两人以上进行处理在现场进行初步处理及隔离；

4）如出现人员伤害，应在第一时间拨打医疗救护电话；

5）如有人员受伤，请将受伤人员移出危化品泄漏房间进行救治；

6）现场医务室接到报警电话，必须在 9 min 内赶到接应地点并进行医疗救护；

7）电站消防队接到报警电话，必须在 5 min 内赶到接应地点并立即开展救援工作；

8）电站其他处室相关应急人员，在厂区的 15 min 内赶到事故现场，不在厂区的 60 min 赶到事故现场（可以委托在厂区相关人员赶到事故现场）；

9）现场人员和保安应对危险化学品泄漏区域拉警示带，避免无关人员进入。

3.4.9 现场应急处置措施

3.4.9.1 酸储罐和 GCP30 计量箱泄漏

1）运行人员发现漏酸时，应向值长汇报后穿戴相关防护用品，一人在门口监护，另一人进入房间确定泄漏情况，注意防止房门被反锁。

2）如果是箱罐法兰结合面或罐体出现穿孔少量漏酸，向值长汇报，做好隔离措施并通知维修进行处理。

3）如果是罐体较大泄漏，关闭系统两个罐之间的连通阀门，同时启动酸泵将泄漏罐内的酸尽快倒出，尽可能通过回流管道导入另一个储罐中至接近溢流酸液位为止；QCJ 系统也可导入 GCP30 计量箱；如果 GCP30 计量箱无法倒空，则启动再生系统对相应阳树脂床进行再生操作，或通过再生过滤器（包括 LD 和 GC）稀释盐酸后排入中和池。漏出的酸液可用大量水冲洗，对于小量的泄漏也可用碱面中和后冲洗至排水点；因为会有酸雾从中和池的盖板、无压排放管的漏斗挥发出来，所以不要通过 GCP30 底排阀直排酸液到中和池。如果 QCJ 的储罐或管道需要排酸到地坑中，需要同时用生活水稀释，以免酸雾从中和池的盖板、漏斗溢出。如果短期内无法通过系统传输将 QCJ 酸储罐内的盐酸倒空，则需要向外系统倒运，值长可联系仓储管理员联系供应商槽车协助，先倒入槽车中，再转卸到其他机组的储罐中。

4）将 UKC08110 和 UQA12160 两个房间内冲洗塑料水管接好，用于稀释漏出的酸液，对于 QCJ 储罐漏酸，用水稀释后，应启动地坑泵 QCB90AP001，将酸性水排到中和池；对于 GCP 酸罐漏出的酸，用水稀释后，通过地坑排到中和池。

5）用冲洗水冲洗漏出的酸液，来控制酸雾的产生；大量泄漏没有得到有效控制或处理之前，不得打开事故排风机，不得打开门窗，以防止酸雾扩散。

6）当酸泄漏处理完且室内地面盐酸残液排净之后，启动排风机降低室内湿度，并对地面进行彻底清洁。

7）泄漏的储罐排空后，用水冲洗，以便进一步检查和维修。

8）建议非特殊情况下储罐不全装满，储罐安全贮存量不超过总容积的 60%，以便一旦发生泄漏可以全部倒出。

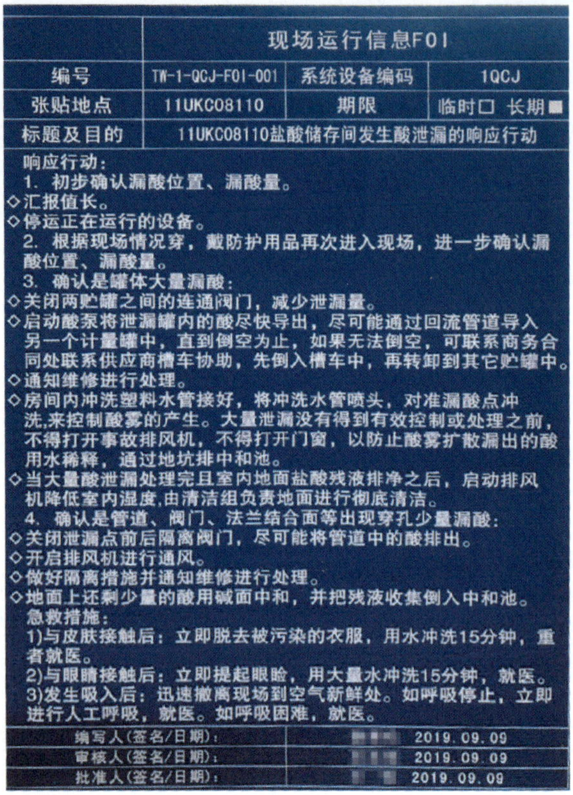

	现场运行信息F01		
编号	TW-1-QCJ-F01-001	系统设备编码	1QCJ
张贴地点	11UKC08110	期限	临时☐ 长期■
标题及目的	11UKC08110盐酸储存间发生酸泄漏的响应行动		

响应行动：
1. 初步确认漏酸位置、漏酸量。
◇汇报值长。
◇停运正在运行的设备。
2. 根据现场情况穿，戴防护用品再次进入现场，进一步确认漏酸位置、漏酸量。
3. 确认是罐体大量漏酸：
◇关闭两贮罐之间的连通阀门，减少泄漏量。
◇启动酸泵将泄漏罐内的酸尽快导出，尽可能通过回流管道导入另一个计量罐中，直到倒空为止，如果无法倒空，可联系商务合同处联系供应商槽车协助，先倒入槽车中，再转卸到其它贮罐中。
◇通知维修进行处理。
◇房间内冲洗塑料水管接好，将冲洗水管喷头，对准漏酸点冲洗,来控制酸雾的产生。大量泄漏没有得到有效控制或处理之前，不得打开事故排风机，不得打开门窗，以防止酸雾扩散漏出的酸用水稀释，通过地坑排中和池。
◇当大量酸泄漏处理完且室内地面盐酸残液排净之后，启动排风机降低室内湿度,由清洁组负责地面进行彻底清洁。
4. 确认是管道、阀门、法兰结合面等出现穿孔少量漏酸：
◇关闭泄漏点前后隔离阀门，尽可能将管道中的酸排出。
◇开启排风机进行通风。
◇做好隔离措施并通知维修进行处理。
◇地面上还剩少量的酸用碱面中和，并把残液收集倒入中和池。
急救措施：
1)与皮肤接触后：立即脱去被污染的衣服，用水冲洗15分钟，重者就医。
2)与眼睛接触后：立即提起眼睑，用大量水冲洗15分钟，就医。
3)发生吸入后：迅速撤离现场到空气新鲜处。如呼吸停止，立即进行人工呼吸，就医。如呼吸困难，就医。

编写人(签名/日期)：	[redacted] 2019.09.09
审核人(签名/日期)：	[redacted] 2019.09.09
批准人(签名/日期)：	[redacted] 2019.09.09

图 3-20

3.4.9.2 盐酸系统相关管道泄漏

1）运行人员发现相关管道泄漏，如有泵运行，则立即停止相应泵运行；

2）向主控汇报泄漏情况，运行人员穿戴好相关防护用品，关闭泄漏点前后隔离阀门，如与泵相关，隔离相应泵的电源，尽可能将管道中的酸排出；

3）地面上还剩少量的酸用水冲洗，或用碱面中和后冲洗，并把残液收集倒入中和池；

4）开启排风机进行通风。

3.4.9.3 KBD20 硝酸罐泄漏

1）运行人员发现漏酸时，应向值长汇报后穿戴相关防护用品，一人在门口监护，一人进入房间确定泄漏情况，注意防止房门被反锁；

2）如果是法兰结合面或罐体出现穿孔少量漏酸，做好隔离措施并通知维修进行处理；

3）若是罐体大量泄漏，可根据下游 LCQ 和 KPF 系统的情况，将 KBD20 中硝酸倒出；

4）用冲洗水冲洗漏出的酸液，来控制酸雾的产生。大量泄漏没有得到有效控制或处理之前，不得打开事故排风机，不得打开门窗，以防止酸雾扩散；

5）当大量酸泄漏处理完且室内地面酸残液排净之后，启动排风机降低室内湿度，并对地面进行彻底清洁；

6）泄漏的储罐排空后，用水冲洗，以便进一步检查和维修；

7）建议非特殊情况下罐体不全装满，储罐安全贮存量不超过总容积的 60%，一旦发生泄漏可以全部倒出。

3.4.9.4 QCD 碱储罐和 GCP40 碱计量箱泄漏

1）运行人员发现漏碱时，应该马上穿戴相关防护用品，一人在门口监护，一人进入房里确定泄漏情况，注意防止房门被反锁；

2）关闭各罐之间的连通阀门，将泄漏罐内的碱导出，通过循环管道尽可能倒入另一个储罐中；为了便于碱液倒空检修，也可将 QCD 内碱液输入 GCP40 系统；如果 GCP40 计量箱无法倒空，则启动相应阴树脂床进行再生操作，少量泄漏用水冲洗；

3）对碱液储罐 QCD10BB001 或 002 的泄漏，通过 QCD90AP001 地坑泵将碱液排入中和池；对 GCP40 罐漏碱，通过地漏流入 LDL50 地坑，由 LDL50 地坑再排中和池；

4）泄漏的储罐排空后，用水冲洗，以便进一步检查和维修；

5）建议非特殊情况下储罐不全装满，储罐安全贮存量不超过总容积的 60%，以便一旦发生泄漏可以全部倒出。

3.4.9.5 KBD10 碱罐泄漏

1）运行人员发现漏碱时，应该马上穿戴相关防护用品，一人在门口监护，一人进入房里确定泄漏情况，注意防止房门被反锁；

2）如果是法兰结合面或罐体出现泄漏小孔有少量漏碱，用大量水冲洗排至地坑；

3）若是罐体大量泄漏，可通过 KBD10AA005 排入 QCD90BB001，也可根据下游 LCQ 和 KPF 系统的情况，将 KBD10 中碱液排出；

4）当泄漏处理完后启动排风机降低室内湿度，并对地面进行彻底清洁；

5）泄漏的碱罐排空后，用水冲洗，以便进一步检查和维修；

	现场运行信息FOI		
编号	TW-1-QCD-FOI-001	系统设备编码	1QCD
张贴地点	11UKC08112	期限	临时□ 长期■
标题及目的	11UKC08112碱储存间发生碱泄漏的响应行动		

响应行动：

1. 初步确认漏碱位置、漏碱量。

◇汇报值长。

◇停运正在运行的设备。

2. 根据现场情况，穿戴防护用品再次进入现场，进一步确认漏碱位置、漏碱量。

3. 确认是罐体大量漏碱：

◇关闭两贮罐之间的连通阀门，减少泄漏量。

◇启动碱泵将泄漏罐内的碱尽快导出，尽可能通过回流管道导入另一个计量罐中，直到倒空为止，如果无法倒空，可联系商务合同处联系供应商槽车协助，先倒入槽车中，再转卸到其它贮罐中。

◇通知维修进行处理。

◇尽可能将漏出的碱接到容器中，以减少对周围其它设备的腐蚀。

4. 确认是管道、阀门、法兰结合面等出现穿孔少量漏碱：

◇关闭泄漏点前后隔离阀门，尽可能将管道中的碱排出。

◇开启排风机进行通风。

◇做好隔离措施并通知维修进行处理。

◇地面上还剩少量的碱一边擦拭一边冲洗，并把残液收集倒入中和池。

急救措施：

1)与皮肤接触后：立即脱去被污染的衣服，用水冲洗15分钟，重者就医。

2)与眼睛接触后：立即提起眼睑，用大量水冲洗15分钟，就医。

3)发生吸入后：迅速撤离现场到空气新鲜处。如呼吸停止，立即进行人工呼吸，就医。如呼吸困难，就医。

编写人(签名/日期)：	[redacted] 2019.09.09
审核人(签名/日期)：	[redacted] 2019.09.09
批准人(签名/日期)：	[redacted] 2019.09.09

图 3-21

6）建议非特殊情况下储罐不全装满，储罐安全贮存量不超过总容积的 60%，以便一旦发生泄漏可以全部倒出。

3.4.9.6 碱系统相关管道泄漏

1）运行人员发现相关管道泄漏，如有泵运行，则立即停止相应泵运行；

2）向主控汇报泄漏情况，值长根据原则处置；运行人员穿戴好相关防护用品，关闭泄漏点前后隔离阀门，如与泵相关，隔离相应泵的电源，尽可能将管道中的碱排出；

3）应尽可能将漏出的碱接到容器中，以减少对周围的腐蚀；应尽可能收集地面上的碱，并倒入中和池。

3.4.9.7 氨水、联氨大量泄漏

1）运行人员发现氨水、联氨泄漏时，应向值长汇报后穿戴相关防护用品，一人在门口监护，一人进入房间确定泄漏情况，注意防止房门被反锁；

2）如果是管道泄漏，停止相应泵运行，关闭泄漏点前后阀门，尽可能将管道中的试剂排尽；

3）若是罐体泄漏，关闭系统两储罐之间的连通阀门，同时启动泵将泄漏罐内的试剂尽快倒出，尽可能通过回流管道导入另一个储罐中，也可导入下游配制箱；

4）用大量的水冲洗泄漏的试剂，启动事故排风机；

5）建议非特殊情况下储罐不全装满，储罐安全贮存量不超过总容积的 60%，以便一旦发生泄漏可以全部倒出；

6）处理泄漏时一定要防止有明火或火花出现，同时穿戴好防护设备，防止吸入中毒。

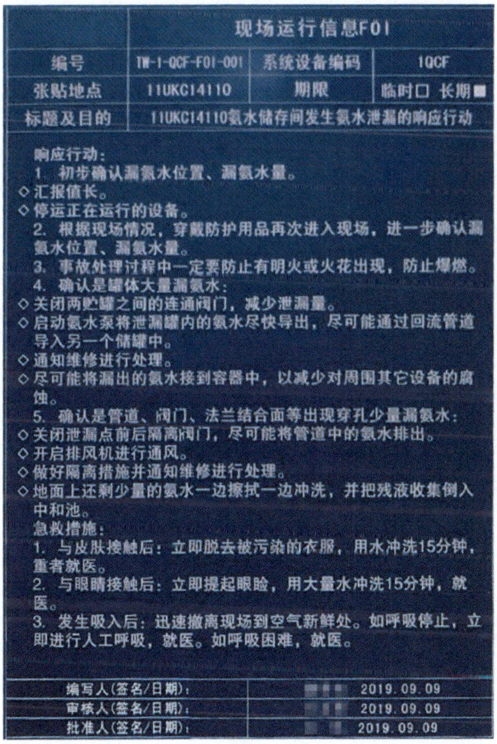

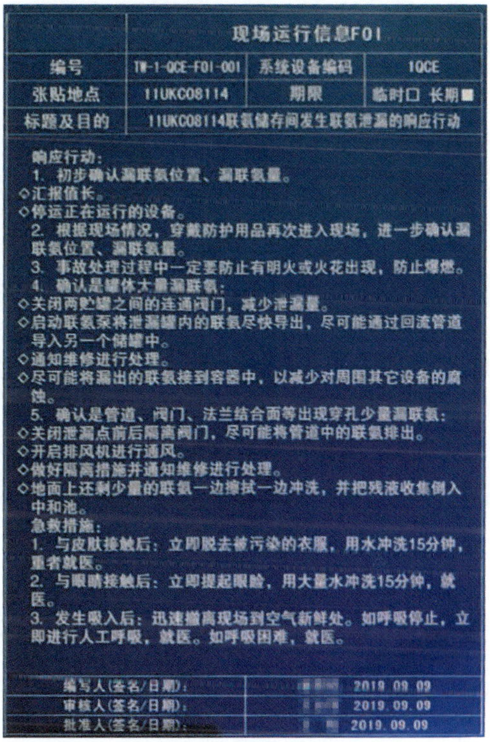

图 3-22

3.4.9.8　1、2 号机组双围墙内区域主要危险化学品危害分析

1）盐酸

特性：盐酸为氯化氢（HCl）的水溶液，无色、挥发性强。一般因含有杂质而呈黄色。是一种强酸，能与多种金属作用。

健康危害：对眼和呼吸道黏膜有强烈的刺激作用，但不会像浓硫酸或强碱强烈灼烧皮肤。

急性中毒：出现头痛、头昏、恶心、眼痛、咳嗽、痰中带血、声音嘶哑、呼吸困难、胸闷、胸痛等。重者发生肺炎、肺水肿、肺不张。眼角膜可见溃疡或混浊。皮肤直接接触可出现大量粟粒样红色小丘疹而呈现潮红痛热。

急救措施：

① 与皮肤接触后：立即脱去衣服，用水冲洗 15 min，重者就医；

② 与眼睛接触后：立即提起眼睑，用大量水冲洗 15 min，就医；

③ 发生吸入后：迅速撤离现场到空气新鲜处。如呼吸困难，进行输氧。如呼吸停止，立即进行人工呼吸，就医。

泄漏应急处理如下。

发现盐酸泄漏，穿戴好防护用品尽可能切断泄漏源，疏散泄漏污染区域人员至安全区，禁止无关人员进入污染区，建议应急人员穿戴好面罩，穿化学防护服，不要直接接触泄漏物，禁止向泄漏物直接喷水。小量泄漏，用沙土或苏打灰，或大量水冲洗，经稀释的洗液放入废水系统。如果大量泄漏，利用围堰堤收容，然后收集、转移、回收或运至事故应急池。

2）氢氧化钠（碱）

特性：氢氧化钠溶液，碱性腐蚀品，白色不透明固体，易潮解。本品不会燃烧，具强腐蚀性。

健康危害：有强烈刺激和腐蚀性。粉尘刺激眼和呼吸道，腐蚀鼻中隔；皮肤和眼直接接触可引起灼伤；误服可造成消化道灼伤，黏膜糜烂、出血和休克。

急救措施：

① 与皮肤接触后：立即脱去被污染的衣着，擦拭干净并用大量流动清水冲洗至少 15 min，就医。

② 与眼睛接触后：立即提起眼睑，用大量流动清水或生理盐水彻底冲洗至少 15 min，就医。

③ 发生吸入后：迅速撤离现场至空气新鲜处，保持呼吸道通畅。如呼吸困难，进行输氧。如呼吸停止，立即进行人工呼吸，就医。

④ 误食入：误服者用水漱口，食用牛奶或蛋清，就医。

泄漏应急处理如下。

隔离泄漏污染区，限制出入。建议应急处理人员戴防尘面具（全面罩），穿防酸碱工作服。不要直接接触泄漏物。小量泄漏用水冲洗。大量泄漏筑堤拦堵，泵入容器。

3）氨

特性：氨，氨气，分子式：NH_3，易燃，有毒气体，无色有刺激性恶臭的气体。

健康危害：低浓度氨对黏膜有刺激作用，高浓度氨可造成组织溶解坏死。

急性中毒：轻度者出现流泪、咽痛、声音嘶哑、咳嗽、咯痰；眼结膜、鼻黏膜、咽部充血、水肿；胸部 X 射线征象符合支气管炎或支气管周围炎。

中度中毒：上述症状加剧，出现呼吸困难、紫绀；胸部 X 射线征象符肺炎或间质性肺炎。严重者可发生中毒性肺水肿，或有呼吸窘迫综合征，患者剧烈咳嗽、咯大量粉红色泡沫痰、呼吸窘迫、昏迷、休克等。可发生喉头水肿或支气管黏膜坏死脱落窒息。

高浓度氨可引起反射性呼吸停止。液氨或高浓度氨可致眼灼伤；液氨可致皮肤灼伤。

急救措施：

① 与皮肤接触后：立即脱去被污染的衣着，应用 2%硼酸液或大量清水彻底冲洗，然后就医；

② 与眼睛接触后：立即提起眼睑，用大量流动清水或生理盐水彻底冲洗至少 15 min，然后就医；

③ 发生吸入后：迅速撤离现场至空气新鲜处，保持呼吸道通畅，如呼吸困难，进行输氧；如呼吸停止，立即进行人工呼吸，然后就医。

泄漏应急处理如下。

迅速撤离泄漏污染区人员至安全区，并进行隔离，严格限制出入。应急处理人员戴自给正压式呼吸器，穿防酸碱工作服。不要直接接触泄漏物。尽可能切断泄漏源。小量泄漏：用大量水冲洗，经稀释的洗水放入废水系统，也可用砂土、蛭石或其他惰性材料吸收，然后以少量加入大量水中，调节至中性，，再放入废水系统。大量泄漏：构筑围堤或挖坑收容、收集、转移、回收或无害处理后废弃，也可用泵转移至槽车或专用收集器内，回收处置。

4）联氨

特性：也叫水合肼，水合联氨；分子式 $N_2H_4 \cdot H_2O$，碱性腐蚀品，无色发烟液体，微有特殊的氨臭味；用作还原剂、溶剂、抗氧剂、发泡剂等。

健康危害：吸入本品蒸气，刺激鼻和上呼吸道。此外，还会出现头晕、恶心、呕吐和中枢神经系统症状。液体和蒸气对眼有刺激作用，可致眼的永久性损害。对皮肤有刺激性，可造成严重灼伤。可经皮肤吸收引起中毒。可致皮炎。口服引起头晕、恶心，以后出现暂时性中枢性呼吸抑制、心律失常，以及中枢神经系统症状，嗜睡、运动障碍、共济失调、麻木等。肝功能可出现异常。接触可出现神经衰弱综合征，肝大及肝功能异常。

急救措施如下。

① 与皮肤接触后：立即脱去被污染的衣着，应用大量清水彻底冲洗，然后就医。

② 与眼睛接触后：立即提起眼睑，用大量流动清水或生理盐水彻底冲洗至少 15 min，然后就医。

③ 发生吸入后：迅速脱离现场至空气新鲜处，保持呼吸道通畅。如呼吸困难，进行输氧；如呼吸停止，立即进行人工呼吸，然后就医。

④ 误食入：饮足量温水、催吐、洗胃、然后就医。

⑤ 避免直接用水冲洗，应该在擦拭后用抹布擦洗。

泄漏应急处理如下。

消除所有点火源。根据液体流动和蒸气扩散的影响区域划定警戒区域，无关人员从侧风、上风向撤离至安全区。应急处理人员戴正压自给式呼吸器，穿防静电、防腐服。小量泄漏：用沙土或其他天然材料吸收。需要洁净的无火花工具收集吸收材料。大量泄漏：构筑围堤收容。用防爆、耐腐蚀泵转移至槽车或专用收集容器内。喷雾状水驱散蒸气、稀释液体泄漏物。

5）硝酸

特性：强氧化剂，能与多种物质如金属粉末、硫化氢等发生剧烈反应，甚至发生爆炸；与还原剂、可燃物如糖、木削、稻草或废纱布接触，引起燃烧并散发出剧毒的棕色烟雾，强腐蚀性。

健康危害：其蒸气有刺激作用，引起眼和上呼吸道刺激症状，如流泪、咽喉刺激感、呛咳，并伴有头痛、头晕、胸闷等。口服引起腹部剧痛，严重者可有胃穿孔、腹膜炎、喉痉挛、肾损害、休克以及窒息。皮肤接触引起灼伤。慢性影响：长期接触可引起牙齿酸蚀症。

急救措施如下。

① 与皮肤接触后：立即脱去被污染的衣着，应用大量清水彻底冲洗，然后就医。

② 与眼睛接触后：立即提起眼睑，用大量流动清水或生理盐水彻底冲洗至少15 min，就医。

③ 发生吸入后：迅速脱离现场至空气新鲜处，保持呼吸道通畅。如呼吸困难，进行输氧；如呼吸停止，立即进行人工呼吸，就医。

④ 食入：用水漱口，给饮牛奶或蛋清，就医。

泄漏应急处理如下。

根据液体流动和蒸气扩散的影响区域划定警戒区，无关人员从侧风、上风向撤离至安全区。建议应急处理人员戴正压自给式呼吸器，穿防酸碱服。穿上适当的防护服前严禁接触破裂的容器和泄漏物。尽可能切断泄漏源。防止泄漏物进入水体、下水道、地下室或密闭性空间。喷雾状水抑制蒸气或改变蒸气云流向，避免水流接触泄漏物。

小量泄漏：用干燥的砂土或其他不燃材料覆盖泄漏物。

大量泄漏：构筑围堤或挖坑收容。用飞尘或石灰粉吸收大量液体。用农用石灰（CaO）、碎石灰石（$CaCO_3$）或碳酸氢钠（$NaHCO_3$）中和。用抗溶性泡沫覆盖，减少蒸发。用耐腐蚀泵转移至槽车或专用收集器内。

3.5 辐射控制区

3.5.1 辐射控制区的定义

电厂厂区边界内所有区域按照放射性系统和设施设备的分布，以及潜在的辐射照射和污染风险的大小，分为辐射控制区、辐射监督区（见表 3-6）。

表 3-6 一期现场辐射控制区和监督区的范围清单

机组名称	辐射控制区	辐射监督区
田湾一期 1、2 号机组	反应堆厂房（UJA） 核辅助厂房（UKA）（大部分） 核服务厂房（UKC）（大部分） 安全厂房（UKD） 废物贮存库（UKT） 热检修车间厂房 乏燃料干法贮存设施（UFC）	厂区内机组双围墙以内辐射控制区以外的区域，以及北 BOP 第三检定室和电站放射源库

1）辐射控制区：在正常工作条件下，为控制正常照射或防止污染扩散，预防潜在照射或限制潜在照射的范围，需要或可能需要采取专门的防护手段或安全措施的区域。

2）辐射监督区：通常不需要采取专门的防护手段或安全措施，但需要经常对职业照射条件进行监督和评价的区域，一般指辐射控制区以外的周边区域。

其中，辐射控制区又可以详细划分为核岛控制区、外围控制区和临时控制区（见图 3-23）。

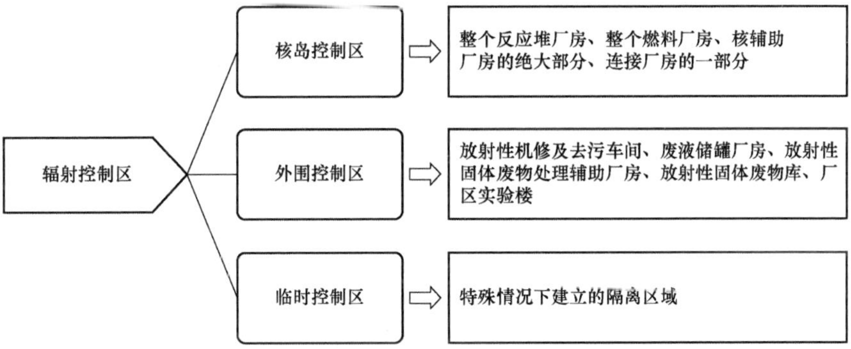

图 3-23 辐射控制区的划分

临时控制区：在辐射控制区以外的区域因工作需要开展放射性工作时（射线探伤除外），由工作负责人编制方案（须包括辐射安全管理要求和应急措施等），经保健物理处审查和生效后方可申请建立临时辐射控制区。

由于辐射风险有所不同，上述三类控制区的管理规定不尽相同，请在进出各辐射控制区之前了解相应的管理规定。

3.5.2 辐射控制区子区的划分

辐射是一种自然现象，指的是能量以电磁波或粒子的形式向外扩散。自然界中的一切物体，只要温度在绝对零度（−273.15 ℃）以上，都以电磁波或粒子的形式时刻不停地向外传送热量，这种传送能量的方式被称为辐射，包括了电离辐射和非电离辐射。在核能行业，“辐射”是“电离辐射”的简称。

人体受到电离辐射照射时，一般不可能只是一个器官或组织受照，而常常是多个器官或组织受照。因此，在衡量辐射带来的伤害时，不仅与射线种类有关，也和受照的组织和器官有关。有效剂量旨在衡量辐射带来的总伤害，其单位为希弗（Sv），有效剂量通常也被简称为“剂量”，辐射防护常用的量和单位如表 3-7 所示。

表 3-7　辐射防护常用的量和单位

量的名称	单位	符号
个人剂量	毫希弗	mSv
集体剂量	人·毫希弗	人·mSv
放射性活度	贝克	Bq
剂量率	毫希弗每小时	mSv/h
导出空气浓度	DAC	DAC
计数率	cps	cps
表面活度	贝克每平方厘米	Bq/cm^2

电厂厂区边界内所有区域按照放射性系统和设施设备的分布，以及潜在的辐射照射和污染风险的大小，分为辐射控制区、辐射监督区。

辐射控制区内不同局部区域内的辐射水平可能变化较大，需要实施不同的辐射防护管理和技术措施，为此将辐射控制区划分为不同的子区，子区的划分类型和划分标准按电厂最终安全分析报告中的要求执行，低至高划分为：绿区、蓝区、黄区、橙区、红区（见表 3-8）。

表 3-8　将辐射控制区划分

子区等级	场所剂量率范围/（mSv/h）	备注
绿区	0.001≤场所剂量率≤0.01	
蓝区	0.01＜场所剂量率≤0.02	
黄区	0.02＜场所剂量率≤1	
橙区	1＜场所剂量率≤10	上锁管理
红区	10＜场所剂量率	上锁管理

区域或房间经划分后，辐射防护人员定期检查分区标识与控制措施，以保证分区的有效性和完整性。

辐射控制区内进行放射性物品（如中子源）转移或运输时，可采取临时隔离措施，此时的辐射水平不作为分区的依据，只有当放射性物品按要求就位后，再对工作区域按分区标准进行再划分。

核电厂一般使用电子剂量计和热释光剂量计监测和记录个人剂量当量。控制区子区的划分主要根据场所剂量率大小。

注意：

1）场所剂量率代表值是一个相对平均的概念，场所中个别点剂量率可能高于该场所的平均剂量率代表值，但不应据此来划分该场所属于哪一个子区。机组具有不同运行状态，若某一状态时场所剂量率代表值达到红区剂量率范围，则此区域应定义为红区，其他情况可类推。

2）当子分区内的实际辐射水平与对应子区划分标准不符时，应采取相应的控制措施，必要时对子分区级别做出相应调整。

对于需要降级的分区，满足电厂 FSAR 要求，经分管辐射防护的公司领导审批后方可实施调整；若不能满足电厂 FSAR 的要求，则须首先向核安全监管部门申请并经批准后，经分管辐射防护的公司领导审批方可实施调整；对于升级的分区，经分管辐射防护的公司领导审批后方可实施调整。

3）田湾一期 1、2 号机组在加热（一回路温度≥150 ℃）、热态、最小可检测功率、功率运行及冷却（一回路温度≥150 ℃）过程的机组状态下，反应堆厂房按照红区管理。

4）辐射子区的边界应明确清晰，应利用建筑物实体（如墙、门等）作为边界，橙区和红区必须有完整的实体边界，入口闭锁，以防止人员非受控进入。蓝区、黄区、橙区和红区的入口处必须设置醒目的辐射分区标识牌。一般情况下，绿区入口处不设置辐射分区标识牌。

5）橙区、红区（反应堆厂房除外）的管理：

所有橙区、红区厂房或房间（不包括反应堆厂房）均应上锁，钥匙由辐射防护人员管理；

进入橙区、红区作业的工作负责人须按照 RP-TW-220《辐射工作许可管理》程序的要求办理相应辐射工作许可证；

进入橙区、红区工作前工作人员应进行充分的风险分析和防护措施准备；

工作负责人应在进入橙区、红区前报告当班机组值长；

辐射防护人员对进入橙区、红区的工作实施全程监督；

机组值长在人员进入橙区、红区期间，应确保可能影响该区域辐射水平的工艺系统的稳定，避免因系统运行状态改变而引起场所辐射水平急剧增高；

进入橙区、红区工作期间，工作负责人应确保工作组所有人员遵守辐射防护人员提出的辐射安全要求，避免受到超剂量照射；

工作中若出现没有预料到的问题（如设备泄漏或剂量率异常升高），工作负责人应立即停止工作，采取必要的安全措施后迅速撤离，在撤离到安全区域后向辐射防护人员说明异常情况，并及时报告当班机组值长。

辐射实践满足了正当性要求，辐射防护也做到了最优化，但不一定能对每个人提供足够的防护。因此，对于给定的某项辐射实践，不论代价与利益的分析结果如何，必须用剂量限值对个人所受照射加以限制。现行个人剂量限值的国家标准如图 3-24 所示。

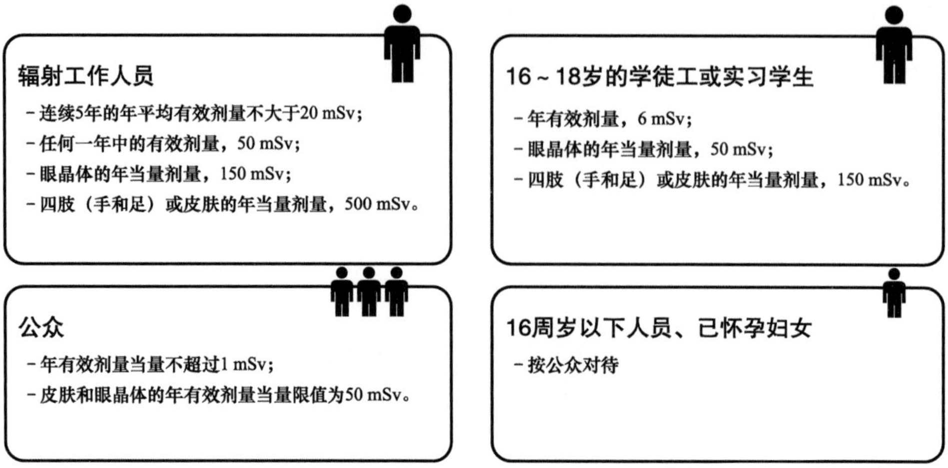

图 3-24　个人剂量限值的国家标准

而根据中国核电及江苏核电有限公司的标准要求，公司当前的辐射防护限值（见表 3-9）更为严谨。

表 3-9　公司当前的辐射防护限值标准

范围	国家标准	中国核电标准
全身	50 mSv	15 mSv
眼晶体	150 mSv	50 mSv
皮肤	500 mSv	150 mSv
手和脚	500 mSv	150 mSv

3.5.3　辐射控制区内人员管理

3.5.3.1　进入辐射控制区的条件

辐射控制区内实行辐射防护授权通行制度，进入控制区的任何人员必须持有辐射控制区通行证（RP 证）。

根据通行证的有效使用时长，RP 证可分为三种：

长期 RP 证：适用于经常进入控制区作业的放射性工作人员；

短期 RP 证：适用于短期（15 日以内）进入辐射控制区作业工作人员；

临时 RP 证：适用于临时（5 日以内）进入控制区参观（参观单次有效期不超过 7 天）、检查的工作人员。

持辐射控制区临时参观通行证人员须在持有 RP2“辐射控制区通行证”的人员陪同下方可进入辐射控制区，不允许操作任何与放射性有关的系统和设备，并严格进入橙区、红区。

根据持有对象或工作内容的不同，辐射控制区通行证又可以分为 RP1、RP2 两种，如图 3-25 所示。

图 3-25　RP 证的分类

根据《辐射控制区管理》相关规定，辐射控制区通行证的办理需满足四个条件：

1）放射性工作适任性评价：每个辐射工作人员必须经有资质医院体检并进行适任性评价，评价结果提交公司职业健康管理部门；

2）连续 5 年个人剂量证明：按样本格式提供，可从保健物理处主页下载；

3）获得辐射防护授权：一般辐射工作人员为获取 RP1 授权，必须接受并通过辐射防护一级培训，保证在辐射风险存在的现场工作时具备自我保护的能力；

4）人员内照射本底监测：全身计数器检查（WBC）、尿氚测量（重水堆）。

3.5.3.2　进入辐射控制区的流程

进入辐射控制区的流程如图 3-26 所示。

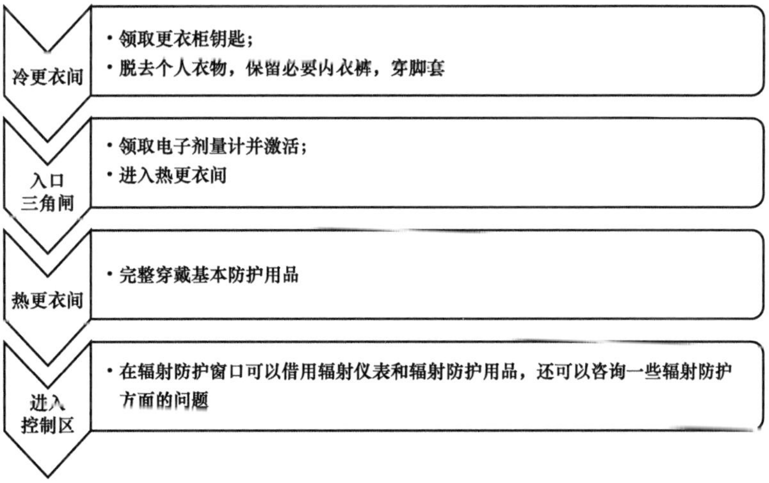

图 3-26　进入辐射控制区的流程

对于进入辐射控制区的人员也有相应的着装要求：进入控制区的工作人员必须脱掉家用服，完整穿戴下列基本个人防护用品及仪表，如图3-27所示。

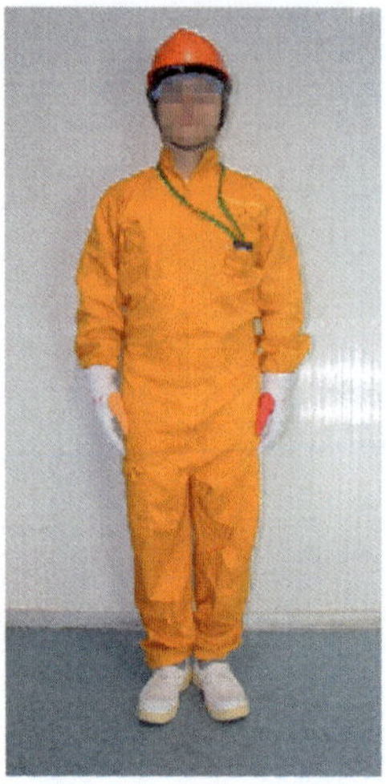

图3-27　进入辐射控制区的基本着装

对于进入辐射控制区的人员需要穿戴的基本个人防护用品（8件套）有：

1）连体工作服；

2）衬衣；

3）衬裤；

4）纸帽；

5）安全帽；

6）袜子；

7）防护鞋；

8）细纱手套。

对于进入辐射控制区的人员需要携带的个人剂量测量装置有：

1）电子剂量计（DMC2000/DMC3000）；

2）热释光剂量计。

对于个人剂量测量装置，要求进入辐射控制区必须佩戴剂量计，持有长期辐射控制区通行证的人员进入控制区，需同时佩戴电子剂量计（见图3-28）和热释光剂量计（见图3-29）。持有临时和参观辐射控制区通行证的人员进入辐射控制区，需佩戴电子剂量计。且佩戴在左胸口位置处，不能相互遮挡。并根据不同装置上的相关提示，按照指定的正面朝向正确佩戴。图为常见的个人剂量测量装置。

禁止以下人员进入辐射控制区：

1）年龄小于16周岁的人员；

2）有开放性伤口的人员；

3）控制区通行证失效的人员；

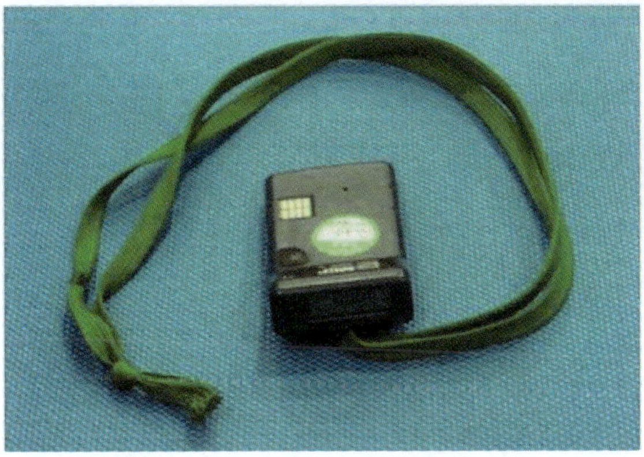

图 3-28　电子剂量计（DMC2000/DMC3000）

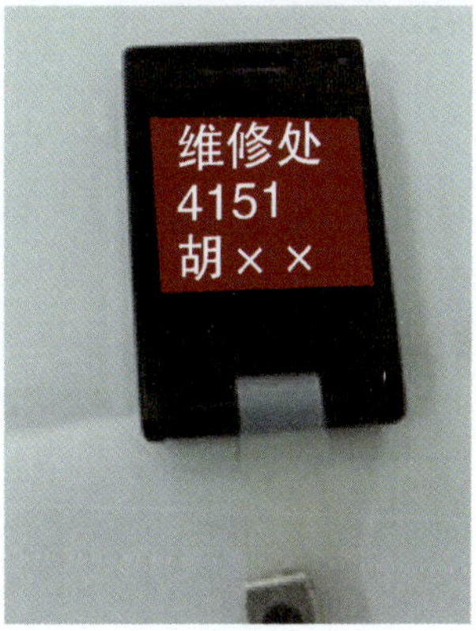

图 3-29　热释光剂量计

4）没有受到持长期辐射控制区通行证人员直接监护的临时辐射控制区通行证和参观证人员。

3.5.3.3　退出辐射控制区的流程

退出辐射控制区的基本流程与进入时完全相反，如图 3-30 所示。

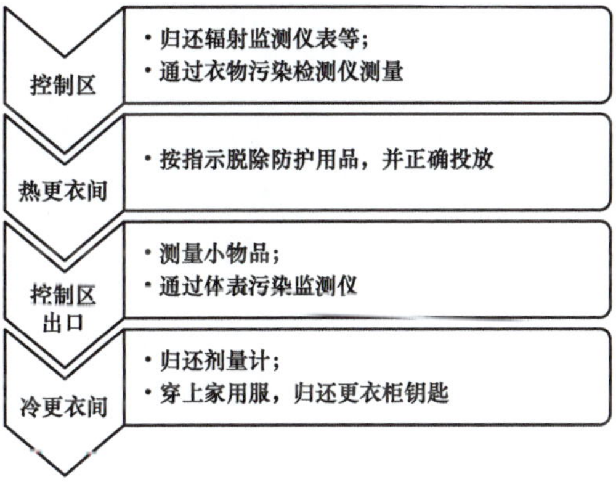

图 3-30　退出辐射控制区的流程

与进入辐射控制区不同，为了避免工作人员在控制区内发生人或物的表面污染而不自知，在退出控制区的过程中，要求对工作人员进行全面的表面污染测量。

退出监测共分为两次。退出辐射控制区的具体流程如下所述。

1）控制区→热更衣间：退出监测——衣物污染检测仪，用于衣物的放射性检测，如出现报警，需通知 RP 人员，并在 RP 人员指导下脱除污染衣物，如图 3-31 所示。

2）热更衣间→控制区出口：按照相应提示脱除防护用品，并正确投放。

3）控制区出口→冷更衣间：退出监测——体表污染检测仪：体表污染检测仪用于人体体表的放射性检测，如出现报警，需通知 RP 人员，在 RP 人员用仪表确定污染位置后进行去污处理（颈部以上污染由职业医生去污，其他部位由 RP 人员指导去污）。

图 3-31　退出辐射控制区的衣物污染检测

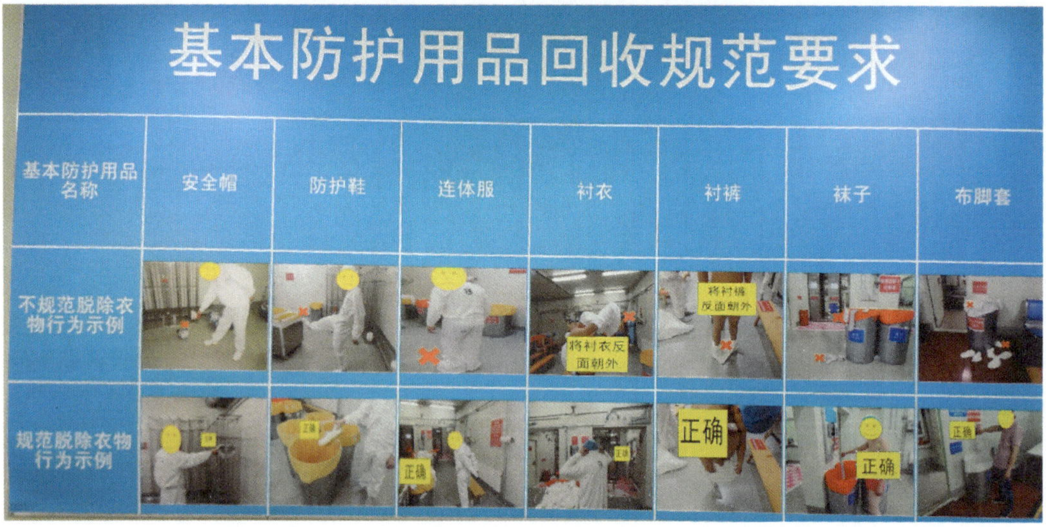

图 3-32　退出辐射控制区的基本防护用品回收

4）人员污染处理：

① 发现作业人员工作服、体表污染后，辐射防护人员应进行记录；

② 辐射防护人员使用便携式仪表对污染部位精确测量、找出准确的污染点；

③ 若污染水平达到体表污染事件标准，辐射防护人员应立即按照规定的流程汇报；

④ 辐射防护人员应指导被污染人员脱除辐射防护用品，指导其在去污间进行头颈部以下的体表污染去污，如为颈部以上或伤口污染，应及时联系职业医疗人员；

⑤ 辐射防护人员对污染原因初步调查，必要时对作业位置或被污染人员行走路径进行污染普查。

图 3-33　退出辐射控制区的体表污染检测

3.5.3.4　剂量计及区域辐射监测仪报警响应

工作人员佩戴的电子剂量计、携带的便携式剂量率仪，以及工作场所的区域辐射监测仪如触发声、光报警，工作人员应及时离开现场，并报告辐射防护人员；如果是工作人员佩戴的电子剂量计、携带的便携式剂量率仪触发报警，工作人员离开作业现场后，应该保持电子剂量计或便携式仪表的工作状态，将报警仪表交给 RP 人员处理，并配合调查。

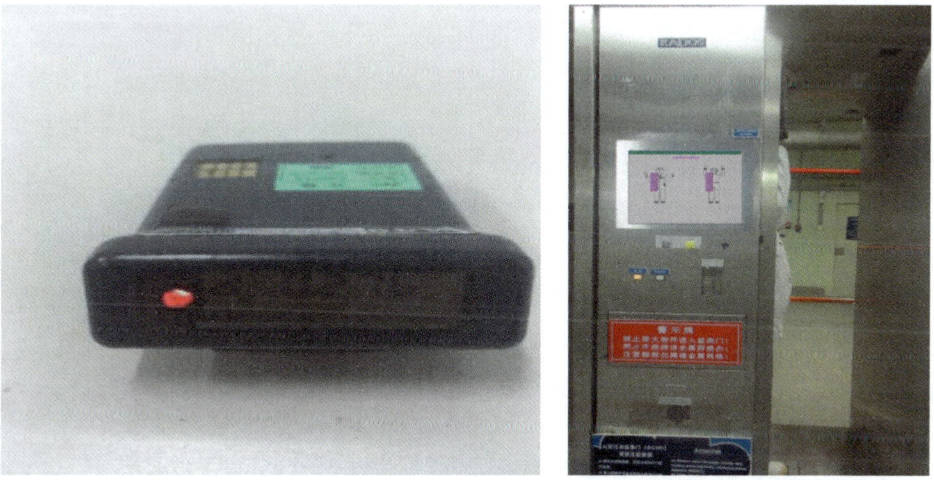

图 3-34　DMC2000 报警（左）和体表检测装置报警（右）

3.5.4 辐射控制区内物项管理

3.5.4.1 物项进出管理

对于需要带入辐射控制区的物品，按照《辐射控制区管理》相关规定的要求，需做到以下三点：

1）尽量减少带入辐射控制区的物品数量，能在工具间借到的工器具就不从外面带入；

2）进入辐射控制区的物品，尽可能去掉外包装；

3）禁止将透明塑料布等在水中不易识别的材料带入辐射控制区。

而根据田湾核电站安全红黄线的相关管理规定，对于需要从辐射控制区带出的物品，都必须进行放射性检查并登记。

对于大件物品出控制区：

1）控制区内的物品可从辅助厂房中央通道两侧边界门出控制区；

2）所有物品出控制区前必须接受放射性检测；

3）被检测出存在放射性的物品只能在辐射控制区之间转运。

对于小件物品出控制区：

1）小件物品出控制区可由作业人员携带出控制区；

2）小件物品出控制区前必须放入专用检测仪器进行检测；

3）因尺寸较大无法放入专用检测仪器中监测的物品由边界门出控制区，并接受检测。

对于放射性物品出控制区的检查：

1）对于厂内运输的放射性物质出控制区时，工作负责人应事先测量货包的接触剂量率、表面污染，根据测量结果在《放射性物资出控制区登记表》上进行登记并对货包进行标识；辐射防护人员对出控制区的放射性物资进行检查和测量，并填写《放射性物资出控制区登记表》，在满足放射性物质运输的控制限值时方可允许其出控制区；

2）放射性物资只能从一个控制区运往另一个控制区，工作负责人在到达目的地控制区时，应将《放射性物资出控制区登记表》第二联交现场辐射防护人员并签字确认。

对于放射性物品进入控制区的检查：

1）厂内运输的放射性物资进入控制区时，辐射防护人员应对货包的完整性进行检查，对运输工作负责人持有的《放射性物资出控制区登记表》进行核查，签字确认后收回；

2）场外运输的放射性物资进入控制区时，辐射防护人员对货包和运输工具进行检查和测量，并对运输工作负责人持有的《放射性物资厂外运输监测记录表》进行核查，签字确认。

NTM-31A 型小物项核辐射检测仪（见图 3-35（左图)：履带式检测装置，用于测量小型仪表、纸笔等小物件。小件物品监测仪（MPO）（见图 3-35（右图)：箱式检测装置，用于测量工具包等体积较大的物件。

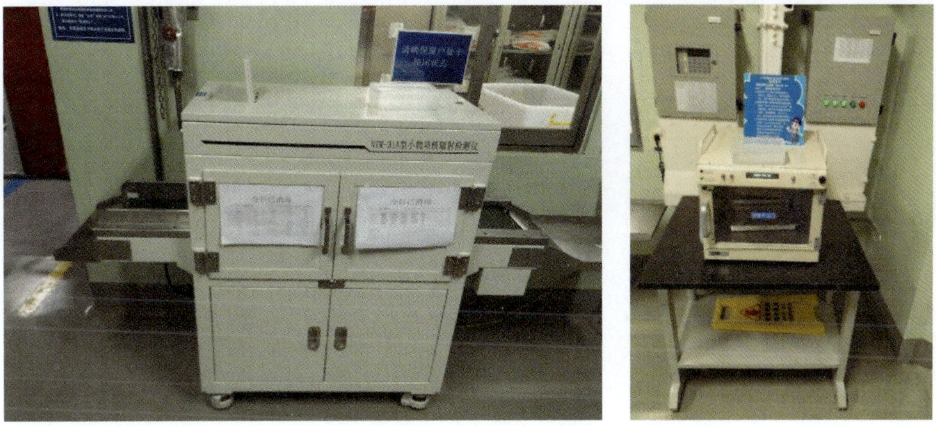

图 3-35　小物项核辐射检测仪（左）和小件物品监测仪（右）

3.5.4.2　控制区内废物回收分类

放射性固体废物的处理费用非常高昂，因此电站通过一系列的手段尽可能减少废物的产生量，而废物量的减少不仅能减少工作人员的剂量，也是电站辐射防护工作良好实践的一个体现，同时也能提高电站的经济效益。

对于辐射控制区内废物，要求尽可能减少放射性废物的产生，在保证辐射安全的基础上避免附加防护用品的浪费。同时，放射性废物、非放射性废物分开存放收集，避免交叉污染，尽可能通过复用或去污循环利用的方式减少废物产生。

控制区内废弃物分类遵循如图 3-36 所示。

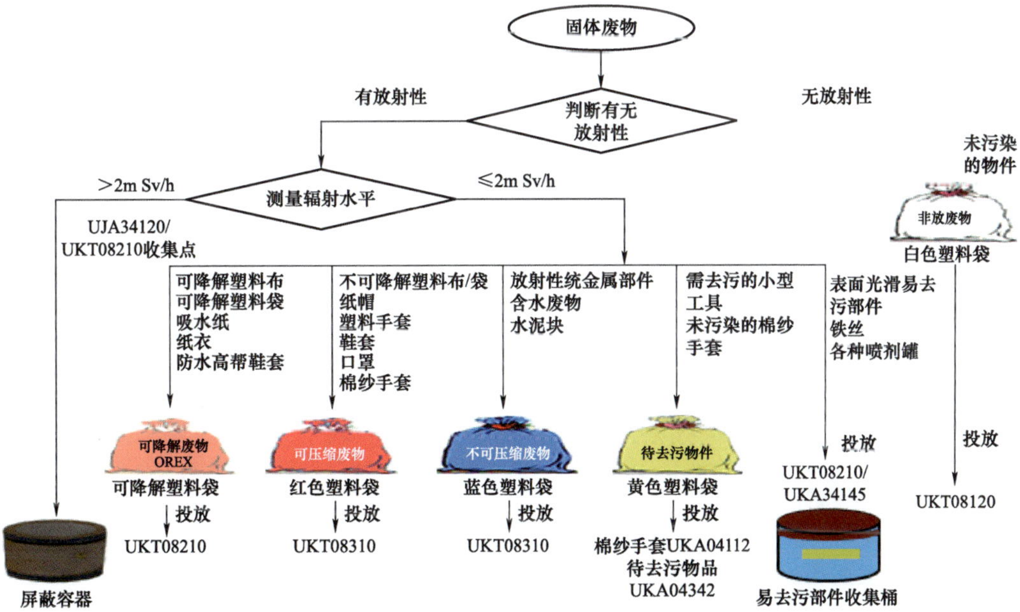

图 3-36　控制区内废弃物的分类规则

对于不同类型的废弃物采用不同颜色的分类袋进行收集，并用颜色加以区分，如图 3-37 所示。

图 3-37　控制区内废弃物的分类收集袋

白色收集袋：收集非放射性废物。可压缩、不可压缩、含水的非放射性废物，均可投入此袋子中，如未被污染的文件、擦汗纸等。

透明收集袋：收集可降解放射性废物。例如，可降解纸衣、可降解高帮鞋套、可降解塑料布。可降解材料印有 OREX 字样。

黄色收集袋：收集需回收利用的物品。例如，防溅面罩、过滤式半面罩、安全帽、扳手等。

红色收集袋：收集放射性可压缩废物。例如，出入污染隔离区使用过的塑料鞋套，使用过的橡胶手套，包裹放射性物品的塑料布，粘尘垫。

蓝色收集袋：收集放射性不可压缩废物、含水废物。例如，铁丝、吸水纸、金属喷罐。

废物分类的收集、投放流程如图 3-38 所示。

3.5.4.3　辐射防护器材介绍

剂量率测量仪表（6150AD5/H）：6150AD5/H 是现场最常用的便携式辐射监测仪表，单独使用时用于 γ 剂量率的测量。6150AD5/H 的测量上限为 999 mSv/h，如图 3-39 所示。

表面污染测量方法（特别提示）：在使用过程中，应注意仪表的污染防护，使用前先测量手部，再拿起探头，并且注意靠近但不接触探头，避免仪表的把手和探头被污染，如图 3-40 所示。

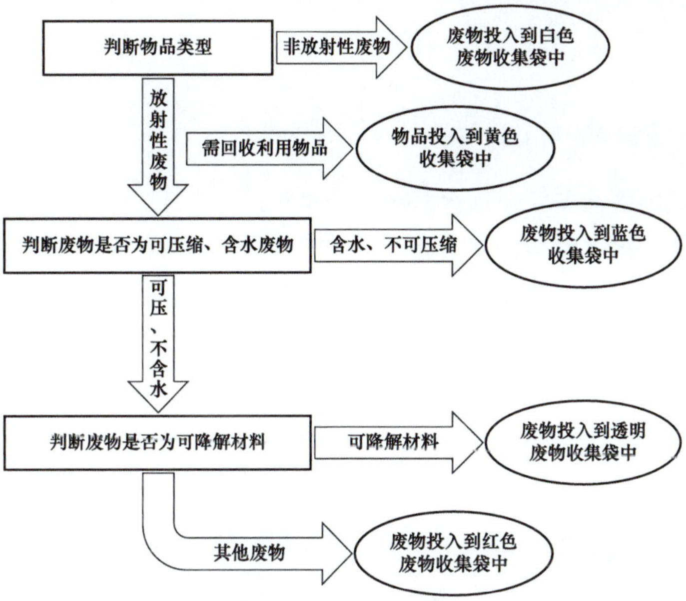

图 3-38　控制区内废弃物的收集、投放流程

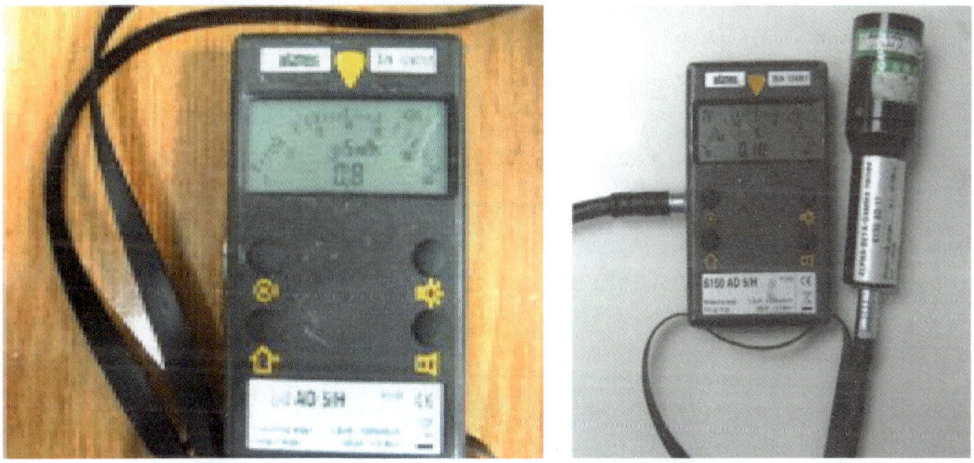

图 3-39　剂量率测量仪表——6150AD5/H + AD17

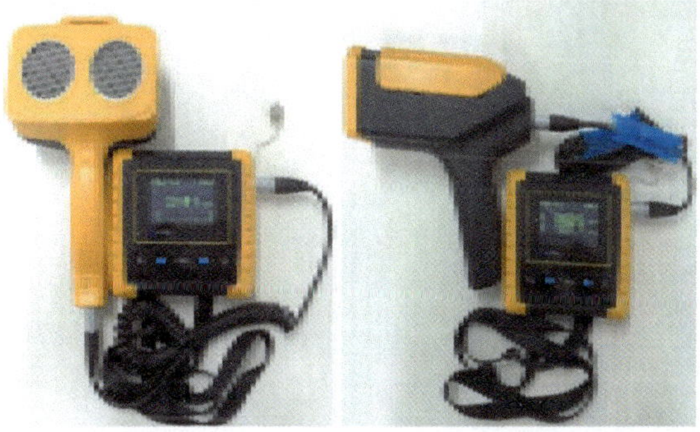

图 3-40　表面污染测量仪表——MPR200 + PAB-GM2/PAB-Z

3.5.5 辐射控制区内人员行为规范

3.5.5.1 控制区内的标识标牌

辐射控制区内的标识标牌都有其特定的意义，在进入辐射控制区前应当对其有基础的认知，在控制区内发现标识标牌时，应当仔细阅读标识标牌的信息，并按照相应的提示信息行动。

辐射分区标识牌（见图3-41）：控制区内各房间根据辐射风险大小进行分区挂牌，可获得分区信息和剂量率信息。

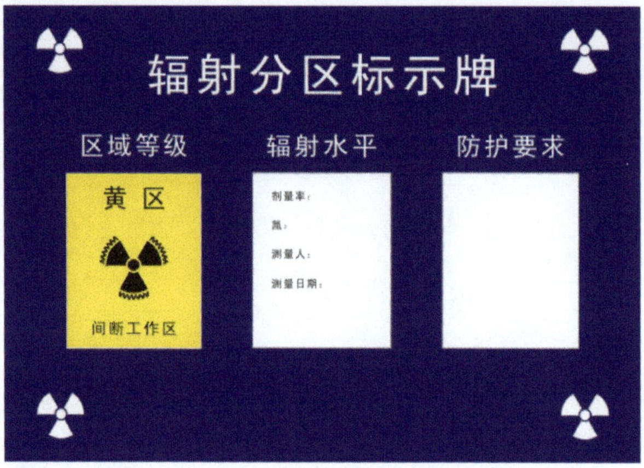

图3-41 辐射控制区内常见标识标牌

辐射控制区边界标识牌（见图3-42）：这类标牌常置于控制区的边界逃生门处。在紧急情况下可以开启逃生，在非紧急情况下勿动。

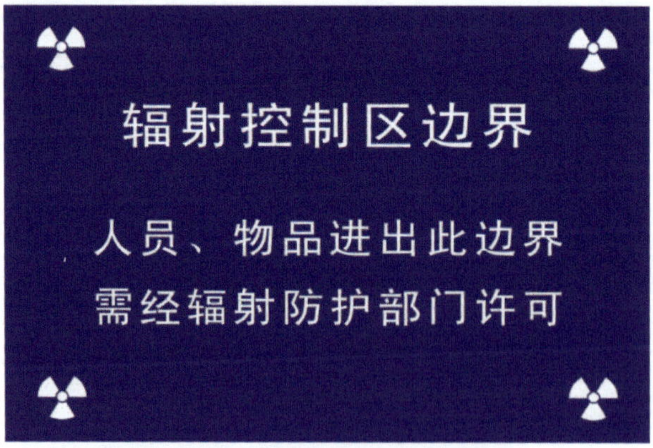

图3-42 辐射控制区边界标识牌

低辐射区域待命标识牌（见图3-43）：这类标牌置于低辐射区域，为工作人员提示休息待命的区域。

图 3-43　低辐射区域待命标识牌

放射性污染标识牌（见图 3-44）：当看到这类标牌时，表明附近地面或设备存在表面污染，须谨慎行动，避开污染源。

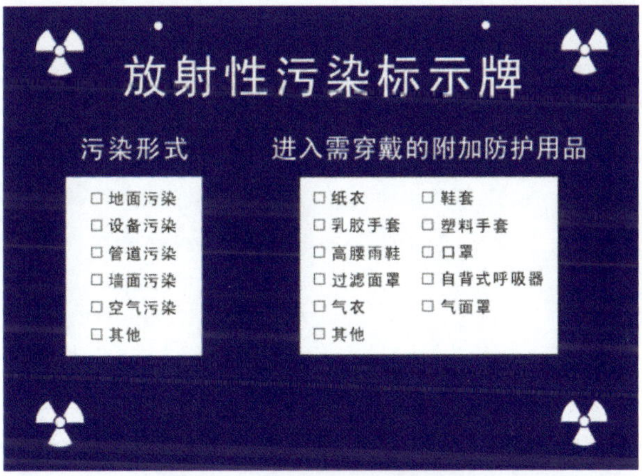

图 3-44　放射性污染标识牌

“热点”标识牌（见图 3-45）：对接触剂量率大于房间环境剂量率 3 倍，且绝对值超过 500 μSv/h 的设备，应当设置此警示牌。该警告牌用于标示控制区内的放射性热点设备，避免工作人员在不知情的情况下靠近该设备遭受大剂量照射。

射线探伤警戒标识牌：常用于射线探伤隔离边界，对于射线探伤作业，作业单位应当按照有关要求对射线作业区域进行隔离，并在隔离边界处设置此标志。该标志表示射线探伤正在进行中，严禁任何人员入内。

“重水开口作业”标识牌（见图 3-46）：工作人员在作业现场看到该标示牌时，如果没有穿戴相应的防护用品，切勿进入该区域。

辐射标志和信号（见图 3-47）：表明此处有电离辐射，无关人员请勿靠近，无作业人员应及时远离。

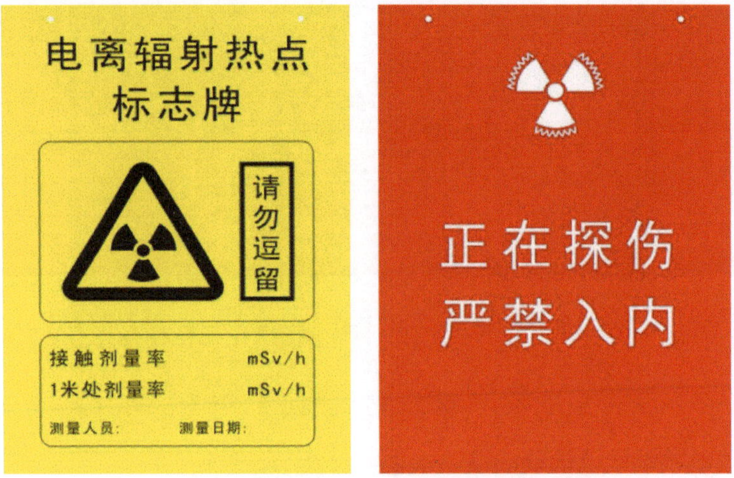

图 3-45 “热点”标识牌（左）和射线探伤警戒标识牌（右）

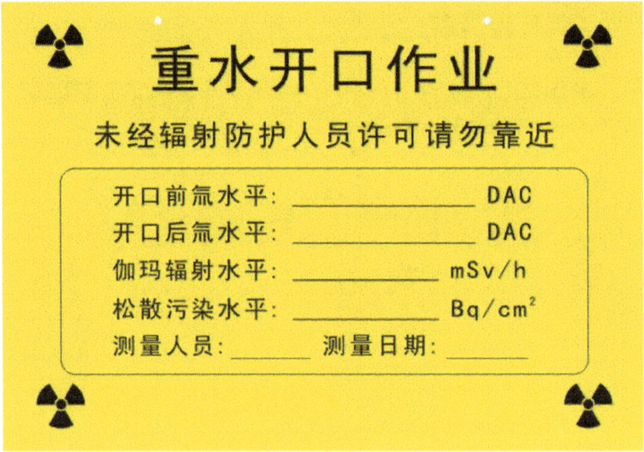

图 3-46 “重水开口作业”标识牌

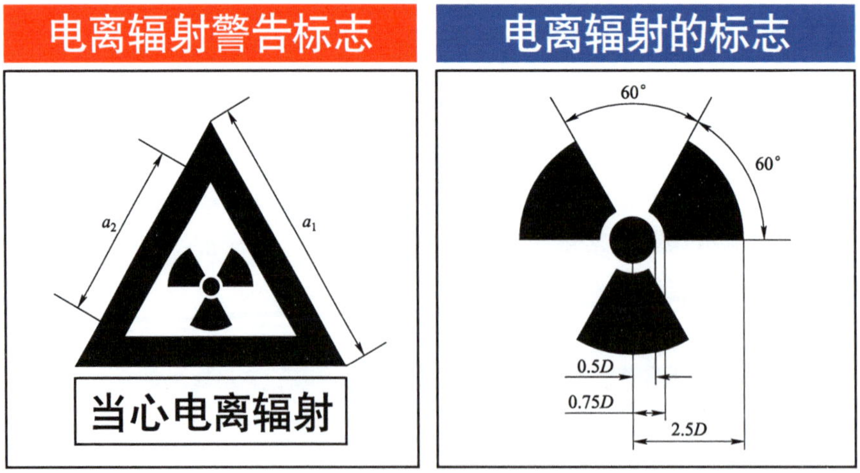

图 3-47 电离辐射标志和信号

放射性货包运输标签（见图 3-48）：用于厂外运输的放射性货包（Ⅰ、Ⅱ、Ⅲ级）应当张贴此标签。

图 3-48　放射性货包运输标签

射线探伤隔离带（禁止）（见图 3-49）：对于射线探伤作业，无实体隔离区域用此标志设置隔离边界。该隔离带表示，以内区域正在进行射线探伤，未经许可，不得入内。

图 3-49　射线探伤隔离标志

辐射隔离带（禁止）（见图 3-50）：建立临时辐射控制区、污染隔离区、射线探伤区等辐射防护控制区域，应当设置此隔离带进行区域隔离。该隔离带表示，以内区域存在辐射风险，未经许可，不得入内。

图 3-50　辐射隔离标志

表面污染隔离带（禁止）（见图 3-51）：存在地面污染的区域应该设置该隔离带。该隔离带表示，以内区域存在地面污染风险，未经许可，不得入内。

图 3-51　表面污染隔离标志

放射性热点管道警示灯（警告）（见图 3-52）：该警示牌用于标示控制区内的放射性热点管道，避免工作人员在不知情的情况下靠近该管道遭受大剂量照射。对接触剂量率大于房间环境剂量率 3 倍，且绝对值超过 500 μSv/h 的管道，应当设置此警示牌。

图 3-52　放射性热点管道警示灯

3.5.5.2　控制区内的人员行为规范

控制区内的禁止事项：

1）严禁伪造个人信息或使用他人信息进入辐射控制区；

2）严禁未穿戴防护用品或未佩戴个人剂量监测设备进入辐射控制区；

3）严禁带裸露伤口进入辐射控制区；

4）严禁在辐射控制区内抽烟、喝水、进食；

5）严禁未经辐射防护批准进入高辐射区；

6）严禁未经辐射防护批准擅自打开辐射控制区边界；

7）严禁未经许可将放射性物质带出辐射控制区；

8）严禁未经污染测量而离开辐射控制区。

控制区内的注意事项：

1）电子剂量计报警应及时离开现场，报告辐射防护人员；

2）在重水堆核电厂，发现不明来源的水，应立即撤离并报告；

3）工作中皮肤被划破，应立即停止工作，报告辐射防护人员；

4）工作中不要用手触摸身体其他部位，尤其是戴着手套擦脸；

5）辐射控制区内请不要随意倚靠设备，更不要躺或坐在地上；

6）认真阅读辐射防护标示牌，严格遵守标示牌的内容指示；

7）辐射防护用品仅用于辐射控制区内的个人防护，请不要挪作他用；

8）有疑问及时联系辐射防护人员，严格听从辐射防护人员的要求；

9）发现异常请第一时间停止工作，报告工作负责人、主控室或辐射防护人员。

跑、冒、滴、漏响应：

1）自己作业项目发生跑、冒、滴、漏时：及时联系 RP 人员，并报告主控室，在

RP 人员指导下进行后续处理；

2）发现与自己作业项目无关的跑、冒、滴、漏时：及时报告 RP 人员和主控室。

3.5.5.3　控制区内的通用管理规定

1）严禁带裸露伤口进入控制区（见图 3-53）：根据辐射控制区管理规定的相关要求，当工作人员存在有较大面积（大于 1 cm^2）的裸露伤口时，禁止进入辐射控制区，避免放射性物质进入人体造成内照射。

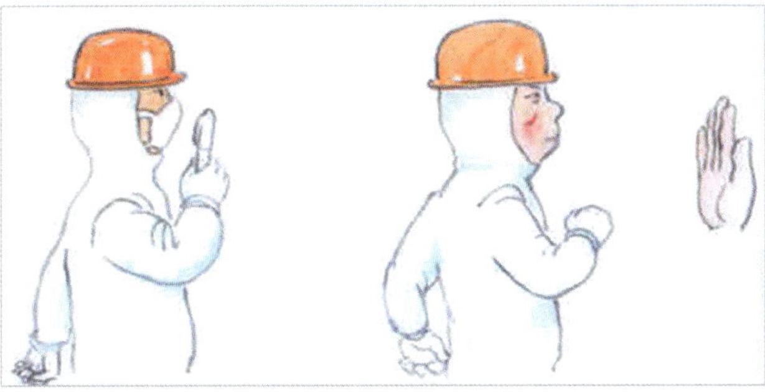

图 3-53　严禁带裸露伤口进入控制区

2）控制区内严禁吸烟、睡觉（见图 3-54）：为避免沾染放射性物质进入人体，辐射控制区内全面禁止喝水、饮食、吸烟，仅在控制区外有指定的吸烟点允许吸烟；同时，辐射控制区内禁止随地坐下、卧倒休息，在指定的办公室等绿色区域设有座椅可以休息。

图 3-54　控制区内严禁吸烟、睡觉

3）禁止使用电子剂量计测量剂量率（见图 3-55）：电子剂量计用于精准测量辐射控制区内工作人员工作过程中的受照程度，不适用于场所剂量率的测量；如需测量指定场所的辐射剂量率，请联系辐射防护人员或借用专用的场所剂量率测量装置进行测量。

图 3-55　禁止使用电子剂量计测量剂量率

4）严禁用污染的手套触摸脸、头部（见图 3-56）：辐射控制区内，工作人员的手套直接接触各类装置，有很大可能沾污放射性物质，在触摸脸、头部后易造成二次污染。

图 3-56　禁用污染的手套触摸脸、头部

根据辐射控制区管理规定的相关要求，在使用控制区内电话时要求摘除手套使用；如需进行擦汗等行为，也需摘除手套后使用洁净卫生纸进行擦拭。

3.5.6　反应堆厂房的人员闸门

3.5.6.1　人员闸门的结构

人员闸门（见图 3-57）是控制区内工作人员进出安全壳的通道，每台机组各有两道，分别设置在 UJA10 m 和 UJA34 m，正常情况下用以确保人员的通行、小零部件、工器具和材料的运输；在发生事故时，可以确保人员从事故限制区紧急撤离，且保持安全壳系统的密封性，并将辐射物控制在事故限域内，防止电离辐射扩散到事故限制域之外，同时，确保安全壳内部免受可能会引起辐射物外泄的外界物体、系统和事故的影响。

图 3-57　人员闸门

人员闸门的组成（见图 3-58～图 3-62）包括：壳体、带密封条的门板、闸门手动操作机构、闸门自动控制系统、密封性自动检测系统、应急通风装置、压力平衡阀、辅助系统等。

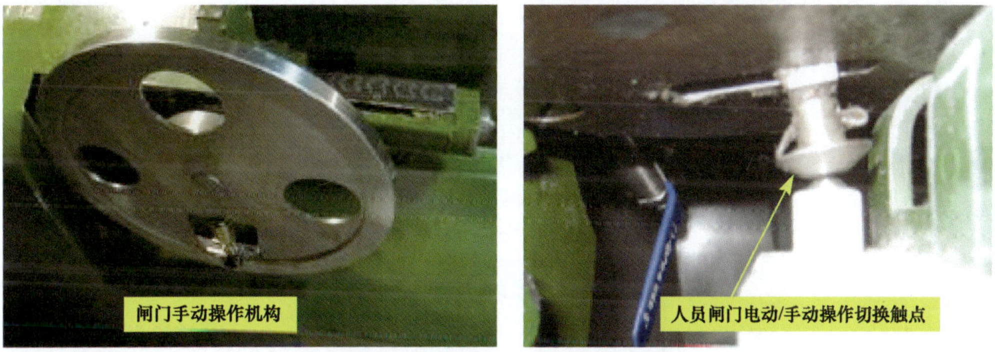

图 3-58　人员闸门的手动操作机构

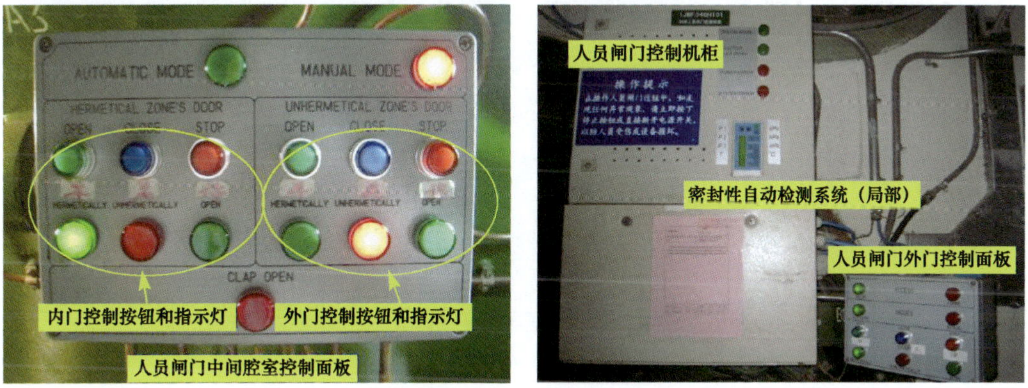

图 3-59　人员闸门的控制机构

应急通风装置：在人员被困等紧急情况下，可以通过向下压动就地的操作手柄来启动人员闸门外的应急风机实现人员闸门内的通风，防止出现人员窒息的情况，在外部风机给人员闸门内部进行通风时，不允许进行打开内门的操作，如果内门开启，因为风机的作用，安全壳内的负压会遭到破坏，同时也破坏了人员闸门的密封性。

辅助系统：中间腔室感烟探头、中间腔室通信电话、开关到位相关触点。

图 3-60 应急通风装置

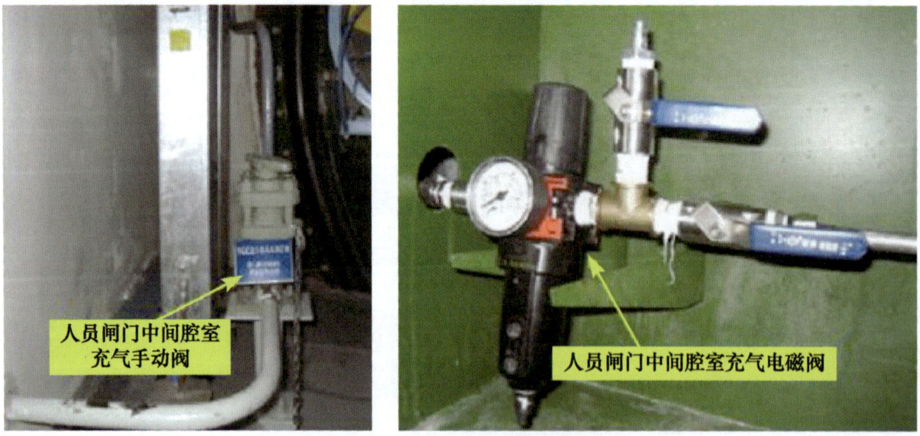

图 3-61 压力平衡阀

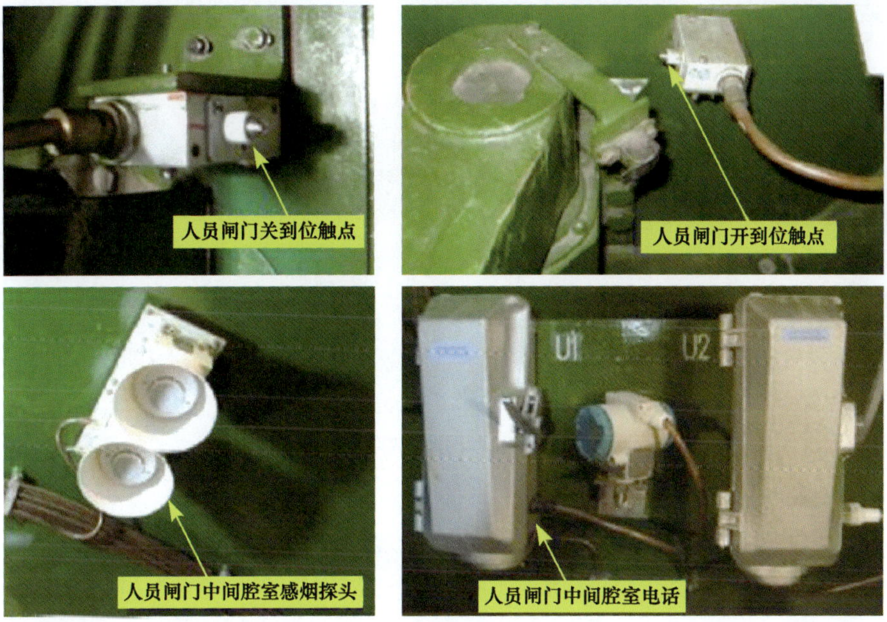

图 3-62　辅助系统

3.5.6.2　人员闸门的密封原理及相关规定

1）人员闸门的密封原理

人员闸门密封使用的时压缩空气。压空系统在线时，将电磁阀 KЭM1 投自动，关闭手动阀 K3、K4、K5，打开压缩空气供应阀 QEB16AA028，如图 3-63 所示。

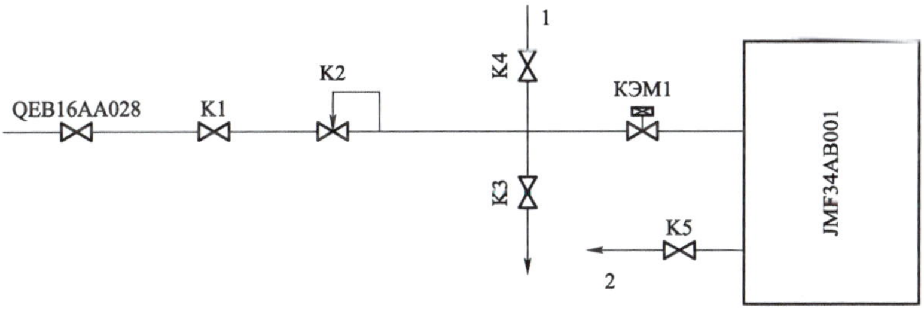

图 3-63　人员闸门的压空供应流程

当人员闸门两侧都关闭密封之后，所有手柄拔出，系统处于自动模式，主控禁止操作闸门之后，控制系统就会打开电磁阀 KЭM1，给闸门舱充气，且半小时内闭锁 XJMF10/34FP001 报警。如果半小时内舱内压力无法满足“大于舱外压力 20 kPa”，系统发出 XJMF10/34FP001 报警。

如果在规定的半小时时间内压力达到了压差要求，电磁阀 KЭM1 关闭。随后系统观测舱内压力下降趋势，到“大于舱外压力 10 kPa”时电磁阀 KЭM1 打开，等到“大于舱外压力 20 kPa”时电磁阀 KЭM1 关闭。如果舱内压力在这个过程中“不大于舱外压力 8 kPa”，系统发出 XJMF10/34FP001 报警。

2）人员闸门的相关规定

人员闸门有以下规定和安全措施：

① 为了严格遵守防异物管理规定，通过人员闸门进入 UJA 厂房的人员和随身携带的物品必须进行严格的登记制度；

② 一回路温度小于 150 ℃时，根据机组所处的状态不同，进入 UJA 厂房需要办理的手续也不同；

③ 机组处于“冷态”“加热”和“冷却”过程时，至少保证一扇门处于密封状态，且进入 UJA 厂房经主控当班值长的书面批准同意；

④ 机组处于“维修冷停堆”时，至少保证一扇门处于密封状态，人员凭辐射工作许可证进出 UJA 厂房；

⑤ 一回路温度大于 150 ℃时，至少保证一扇门处于密封状态，且进入 UJA 厂房必须经电站生产副总的批准同意；

⑥ 为了确保安全，机组在各种状态下，人员进出 UJA 厂房必须按规定办理相应的许可证；

⑦ 人员闸门的密封性由主控操作员通过主控的 OM 进行监视。

3.5.6.3 操作及注意事项

功率运行工况开启人员闸门时应注意：

1）在一回路温度大于 150 ℃时，进入 UJA 厂房必须办理高辐射风险许可证；

2）进入 UJA 厂房的所有人员必须身体状况良好；

3）进入 UJA 厂房之前可根据工作需要联系维修人员开启 UJA34 m 及相关区域照明；

4）进入 UJA 厂房的所有人员必须佩戴 TLD、DMC2000S、中子 TLD 和手电筒；

5）进入 UJA 厂房需根据进入人员数配备空气呼气器；

6）操作人员闸门必须两人监护操作；

7）必须等待辐射防护人员到场；

8）在进入人员闸门后应首先确认闸门内电话和照明可用；

9）当遇到人员被困在闸门内的情况时应立即通过电话联系主控，并手动操作人员闸门内的进风机向人员闸门中供气；

10）为了防止工作人员进入安全壳人员闸门后出现内外闸门关闭且开启不可控的情况，田湾核电站制定了人员闸门 FOI（现场运行信息），并张贴在 1、2 号机组 08 m 和 34 m 人员闸门上。

FOI 内容：提醒进入人员闸门的人数限定在单次不超过 8 人，进入人员闸门前检查闸门控制系统的状态、闸门内电话可用性、氧气瓶的可用性，如图 3-64 所示。

江苏核电有限公司	现场运行信息 FOI		
编号	TW-1-JMF-FOI-002	系统设备编码	1JMF
张贴地点	11UKA34144	期限	临时□　长期■
标题及目的	1 号机组保证工作人员进入 34 米人员闸门的安全		

为了防止工作人员进入安全壳人员闸门后出现内外闸门关闭且开启不可控的情况，特制定本FOI，提醒：

1. 进入人员闸门的人数限定在单次不超过8人，进入人员闸门前检查闸门控制系统的状态、闸门内电话的可用性。
2. 紧急进入人员闸门时，可在人员进入UJA厂房内之后，保持人员闸门内门单开，省略进入厂房后的人员闸门关闭步骤，直接处理紧急工作任务。 在退出人员闸门时，再按操作单将两道闸门关闭密封。

图 3-64　人员闸门的 FOI

3.5.6.4　正确开启人员闸门的流程

功率运行期间 UJA 厂房属于红区，进入前需要办理高辐射风险进入许可证。

进入人员闸门前，先通知辅操发出允许信号，等待“FORBID”灯灭，“ALLOW”灯亮。然后，打开排气阀排气。顺序不能反，若先打开排气阀排气而并未要求主控发出允许操作命令，即未等待 FORBID 灯灭，则在排气的同时压差小于 10 kPa，补气阀门自动补气，导致内部压力泄不下来。

当人员闸门腔内压力与外侧压力差小于 2 kPa 时，就地通过按下 OPEN 按钮打开人员闸门外门。当外门全开时，电机停止运转，在人员闸门开启过程中可以随时按下 STOP 按钮来中止电机的运转，内侧与中间腔室的面板操作基本与外门相仿，详见操作单。

需要注意：不管人员闸门是手动操作还是电动操作，不能完全依靠指示灯或者触点反馈的信号作为密封与否的绝对依据，操作人员在操作完毕后不仅要检查指示灯的反馈是否正常，也要检查行程指示器的位置是否正常，当外门打开时行程指示器运行至上限位，当内门打开时行程指示器运行至下限位，当内外门完全关闭并密封时行程指示器运行到中间位置与标尺上的指示刚好对应。

如果每次操作完成后都检查一下机械指示是否正确，很多人为的操作失误都可避免；同时，也可及时发现反馈信号系统可能存在的问题。

缩略语清单

分类	中文名称	英文缩写
厂房	安全厂房	UKD
	核服务厂房	UKC
	蒸汽厂房	UJE
	反应堆厂房	UJA
	控制厂房	UCB
	冷却水泵房	UQA
	汽轮机厂房	UMA
	运行服务楼	91UYA
	核电站外围设施	BOP
危险化学品系统	离子交换器可再生用酸系统	GCP30
	离子交换器可再生用碱系统	GCP40
	硝酸接受系统	QCB
	盐酸接收及贮存系统	QCJ
	碱接收及贮存系统	QCD
	特种水处理装置化学试剂制备和供应系统	KBD10/20
其他	生活水系统	GKC
	凝结水净化系统	LD
	蒸汽发生器排污系统	LCQ
	地漏水处理系统	KPF
	凝结水净化过滤器废水监测系统	LDL50
	阀门	AA
	泵组	AP
	箱罐	BB
	技术规格书	FSAR
	辐射防护人员	RP 人员
	工艺压缩空气供应系统	QEB

续表

分类	中文名称	英文缩写
其他	人员闸门泄漏报警信号	XJMF10/34FP001
	运行和监视系统	OM
	热释光剂量计	TLD
	电子剂量计	DMC2000S
	非核安全级	NC